TRAITÉ

DE LA CULTURE

DU NOPAL,*

ET DE L'EDUCATION

DE LA COCHENILLE

Dans les Colonies Françaises de l'Amérique ;

PRÉCÉDÉ D'UN

VOYAGE A GUAXACA.

SECONDE PARTIE.

---

* *Orné de figures coloriées, représentant au naturel la Cochenille, le Nopal, & autres objets relatifs.*

TRAITÉ
DE LA CULTURE
DU NOPAL,
ET DE L'ÉDUCATION
DE LA COCHENILLE

Dans les Colonies Françaises de l'Amérique;

PRÉCÉDÉ D'UN

VOYAGE A GUAXACA,

Par M. THIERY DE MENONVILLE, Avocat en Parlement;
Botaniste de Sa Majesté Très-Chrétienne.

Auquel on a ajouté une Préface, des Notes & des Observations
relatives à la culture de la Cochenille, avec des figures coloriées.

Le tout recueilli & publié par le Cercle des Philadelphes
établi au Cap-Français, isle & côte St. Domingue.

───────────

AU CAP-FRANÇAIS,

Chez la veuve HERBAULT, Libraire de Monseigneur
le Général, & du Cercle des Philadelphes.

à PARIS,

Chez DELALAIN, le jeune, Libraire, rue St. Jacques.

& à BORDEAUX,

Chez BERGERET, Libraire, rue de la Chapelle St. Jean.

───────────

MDCCLXXXVII.

Non ubi hibernos nebulosus imbres
Auster advexit properatque torrens.
L. A. Senec. med. act. Ch. V.

TRAITÉ
DE LA CULTURE
DU NOPAL,
ET DE L'ÉDUCATION
DE LA COCHENILLE.

LIVRE PREMIER.

CHAPITRE Ier.

Des cactes en général.

LES cactes sont un genre de plante très-nom-
breux, aussi particulier à l'Amérique que les
mezembrianthenae (1) à l'Afrique, les entherri-

____

(1) Polyandria pensagyn.

R iv

mènes à l'Europe. Cette plante pousse en terre un pivot très - profond & des racines fibreuses, prémorées & traînantes à un pouce de la surface de la terre ; elles sont d'une couleur grise tirant sur le jaune ; les plantes sont d'un verd de diverses nuances selon les diverses espèces ; la substance en est très-tendre, charnue & épaisse d'un pouce dans les jeunes plants ; elle devient un bois très-dur dans les anciens. Cette substance est pleine d'une sève mucilagineuse, qui s'extravase quelquefois de la plante comme une gomme opaque & farineuse, blanche ou jaune, se durcit promptement, & se dissout comme la gomme, mais n'est ni si visqueuse, ni si tenace ; leurs tiges s'élèvent en arbres par la naissance successive d'autres tiges sortant les unes des autres, si distinctement qu'elles semblent jointes par articles ; mais l'apparente solution de continuité s'oblitère avec l'âge de la plante, & tous ces articles disparoissent par l'accroissement des parties, au point que les articles des cactes comprimés, quoique naissant de l'aisselle les uns des autres, se remplissent, s'arrondissent en tronc d'arbre sur lequel on ne voit plus la moindre trace de leur naissance, de leur forme primitive, ni de la position des uns à l'égard des autres ; il est de ces arbres qui ont six pieds de tour sur une hauteur de trente à quarante.

De quelque forme que soient ces articles au premier coup-d'œil, ils paroissent les feuilles de la plante; ils n'en font cependant que les tiges ou les branches.

Ces branches naiffantes en bourgeons cilindriques dans les cactes opuntia portent avec elles, dans ces derniers, pendant un ou deux mois des folioles coniques, courbes, d'une ou deux lignes de haut, difpofées en quinconce fur des lignes parallèles. A l'aiffelle de ces folioles, également femées, fur les deux côtés de l'article comprimé, fe trouve placé un faifceau de foies innombrables, fubfiftantes, fragiles, plus ou moins faillantes. Autour de ce faifceau l'on voit dans tous les cactes comprimés, felon qu'ils font plus ou moins cultivés, une, deux, trois, & même douze épines de différentes couleurs, felon les différentes efpèces de cactes, longues depuis fix jufqu'à trente lignes, aiguës & folides comme des aiguilles d'acier, très-dangereufes par leur piquûre, & difpofées en rofe ou en houpe. C'eft de leur centre & de celui du faifceau de foie que paroît fortir indifféremment la fleur ou le bourgeon fuivant, qui fert à continuer la tige. C'eft fans doute pour en préferver le fommet extrémement tendre dans lequel les fourmis fe plaifent à fucer la sève de la plante, que l'auteur de la nature a placé ces défenfes. Ce faifceau ferré de foies brûlantes & nombreufes, repouffe les atteintes des plus petits infectes; les grandes épines protègent la plante contre de plus grands ennemis; mais en y faifant atten-

tion, on voit que ces soies en faisceau ne sont
que le sommet des épines axillaires des fleurs
ou des bourgeons futurs, qui sont déjà en abrégé
sous ces points quinconciaux armés de deux, trois
ou vingt épines de la sève précédente, & que
ces faisceaux de soie feront à leur tour, lors de
la sève suivante qui mettra le bourgeon dehors,
l'office des épines qui existent déjà. C'est cet
arrangement des gemmes quinconciales de la
plante, joint à la forme ovée des articles applatis,
qui a fait donner au premier abord par le bas
peuple, le nom de raquette aux cactes opuntia.
On reconnoît les folioles coniques, les mêmes
faisceaux de soie dans le même ordre avec les
mêmes épines sur le calice des fleurs de plusieurs de ces cactes ; quand ses folioles sont
applaties en écailles & persistantes, comme dans
le *pitahiaha*, on ne trouve point de faisceaux
de soies, ni d'épines ; c'est ce qui permet de
manger le *pitahiaha* sans le peler ; les fleurs
comme on vient de l'entrevoir, naissent indifféremment de tous les points quinconciaux, elles
sortent du sommet d'un calice armé de mêmes
soies & épines que les bourgeons ; elles sont
blanches, rouges, jaunes, couleur de gris de
lin, pourpre, feu, cramoisi, selon les différentes
espèces ; elles ont depuis deux lignes jusqu'à six
pouces de grandeur. Les petales sont quelquefois au nombre de dix, douze, dix-huit, arron-
dies, ovées, oblongues, laciniées, acuminées,

quelquefois très-ouvertes, d'autres fois conni-
ventes & fermées, à travers lesquelles passent
le pistil & les étamines, qui les surpassent en
longueur, ou sont quelquefois moindres. Les
étamines y sont par centaine : on en a compté
jusqu'à trois cent. Les filamens y sont filiformes,
quelquefois accouplés, l'anthère est oblongue &
jaune de la grosseur double du filament. Le
stigmate est quelquefois en forme de clou dont la
tête seroit fendue en trois, six ou plusieurs parties.

Toutes les parties de la fleur tombant, il ne
reste que le calice qui contient le germe ; ce
calice se métamorphose en baie oblongue, ovale,
souvent ronde comme une pomme, unie, locu-
laire, remplie d'une pulpe, qui lors de sa
maturité est blanche, jaune, rouge, cramoisie,
violette, couleur de pourpre, grise ou verte,
selon les différentes espèces de cactes. Quelquefois cette baie s'ouvre en trois ou quatre parties comme la baie du *Sumida*, & laisse tomber
sa pulpe. D'autres fois elle pourrit ou se dessèche avec une infinité de semences réniformes,
& nichées dans cette pulpe. Les plus grosses de
ces semences sont de la grandeur des lentilles ;
elles sont couvertes d'une écorce noire, brune
ou fauve, friable, crustacée, croquante sous
la dent comme l'écaille d'huitre, & remplie
d'une farine très-blanche. Les Indiens font une
bouillie avec les semences d'une espèce de
cactes, après en avoir mangé le fruit.

Dans quelques espèces de cactes opuntia, la fleur étant tombée, le calice au lieu de s'accroître en baie s'allonge & s'applatit par son sommet, & devient une tige sans semences, ni fruit. Dans une autre espèce commune dans la plaine du cul-de-sac de Saint-Domingue, le calice s'accroit en baie, mûrit avec sa pulpe & ses semences, & de tous les points de la surface naissent de nouvelles tiges qui sont le produit des gemmes du calice, & non des semences qui y sont contenues.

Linneus a compris & réuni sous un seul genre qu'il nomme *cactes* (1), les plantes que *Tournefort* nomme *milocactus* opuntia, celles que *Jussieu* nomme *cereus* (cierge), celles que *Dillenius* nomme *tuna*, & celles que *Plumier* nomme *pereschia* : il a divisé ce genre en autant de sections qu'il y a de formes extérieures singulièrement différentes ; ces formes extérieures sont si dissemblables, qu'on pourroit à peine à la première vue s'imaginer que ces sections puissent appartenir au même genre, si la loi de la fructification qu'on lit dans chaque espèce de diverses sections, ne les lioit nécessairement toutes par un caractère universel de rapports essentiels & similaires ; mais en les rassemblant toutes dans une seule famille par un nom générique, il leur a conservé à chacune dans leur

____

(1) Nosandria monogyn.

section, le nom spécifique des auteurs ci-dessus ; c'est pourquoi il a divisé son genre de cactes en hérisson, melons cactes, en cierges, cierges anguleux droits, cierges anguleux ou ronds, rampans, & en opuntia comprimés à articles prolifères.

Les melons cactes sont des petits cactes anguleux, d'une forme sphérique, ovale ou cilindrique, qui s'élèvent depuis quatre pouces jusqu'à un pied & demi au plus, tel est le *melocactus nobilis* vu au Mexique, il a six à huit pouces de diamètre : ils sont ou canelés en spirale ou mamelonnés, mais très-hérissés d'épines de soie brûlantes, embarrassées dans un duvet ou coton très-fin, tel est le cacte mamillaire de la plaine du cul-de-sac de Saint-Domingue, qui semble sortir de terre en groupe, comme les truffes, de la grosseur d'une pomme ordinaire : ils donnent des fruits oblongs de la grosseur d'une groseille rouge ou du fruit du cormier. Le fruit du mamillaire est aussi délicat que difficile à recueillir & à tirer d'entre ses tubercules couronnés d'épines & de soies brûlantes : on en fait des tartres au Mexique, comme avec des raisins de Corinthe.

Les cactes anguleux droits, nommés cierges par Jussieu, sont cannelés en ligne verticale. Quelquefois les angles des cannelures sont crenelés ; c'est toujours sur ces angles saillans que sont disposées les gemmes d'où part latéralement le bourgeon des fleurs ou des fruits,

du milieu d'un faiſceau d'épines & de ſoies bru-
lantes; c'eſt ce que le peuple de Saint-Domingue
nomme torche; c'eſt la plus grande eſpèce de
ces cierges qui eſt le vrai cierge du Perou; il
s'élève ſur une flèche d'un pied & demi de diamètre, juſqu'à quinze ou vingt pieds de haut;
de-là partent horiſontalement en rayons, des
articles ſur leſquels d'autres s'élèvent perpendiculairement, comme les flambeaux d'un luſtre,
juſqu'à la hauteur de vingt-cinq à trente pieds,
& s'étendent ſur un eſpace de ſoixante. Le
verd glaugue & la ſimétrie des branches de cet
arbre fait un ſpectacle ſingulier, & lui donne
mieux l'air d'un magnifique candelabre que
d'un cierge, quoique chacune de ſes branches
reſſemble à un flambeau de poingt; les fleurs
ſont de couleur de ceriſe, très - vif, les fruits de
la groſſeur d'un gros œuf, & très-bons à manger, mais on ne peut les cueillir ſur l'arbre à
cauſe de ſes horribles épines, ni le détacher
auſſi facilement que le *pitahiaha*; on eſt réduit
à attendre que ce fruit s'ouvre: alors, ſi l'on n'eſt
pas prévenu par les oiſeaux qui guétent le
moment de la chûte de cette manne, on la
puiſe dans le fruit avec une cuillère enman-
chée au bout d'une gaule; c'eſt la nourriture
des chercheurs de pitahiaha pendant le jour,
ne pouvant rapporter ni conſerver cette pulpe
juſqu'à la maiſon, ils la mangent & épargnent
par là les *pitahiahas* qu'ils vendent.

Le pitahiaha est aussi cannelé, moins gros, moins haut & moins diffus, moins épineux; mais il est suffisamment garni d'épines; il est moins branchu, mais d'un verd plus sombre que les précédens; les fleurs sont d'une couleur de cerise vive; le fruit brun en dehors est de la grosseur d'un petit œuf, rempli d'une pulpe cramoisie, d'un goût acide, agréable, mais qui a autant de degrés de saveur que de différens degrés de maturité : on le cueille avec un panier emmanché au bout d'une gaule, dans le fond duquel on le fait tomber en le touchant légèrement; il n'est point couvert d'épines, ni de soies piquantes comme les autres, mais de quelques folioles squammeuses, persistantes de son calice. Il n'est point de fruit plus délicieux dans les contrées de *Theguacan* & *Guaxaca* ; il feroit honneur aux tables en France.

Une troisième espèce de cierges droits anguleux est dans la plaine du sac de Saint-Domingue, appelée pareillement par les colons torches; il ressemble beaucoup par son port, au *pitahiaha*. La fleur en est blanche, le fruit est d'un beau jaune d'or, de la grandeur & de la forme d'une pomme de reinette, rempli d'une pulpe blanche très-fraîche, mais assez insipide, dans laquelle est noyée une innombrable quantité de semences noires.

Les cierges rampans sont également articulés, anguleux, crênelés, cilindriques, mamelonnés,

plus ou moins anguleux, épineux : il en eſt au Mexique & à Campêche une eſpèce à tige crênelée,
triangulaire ou quadrangulaire, d'un vert naiſſant
très-vif, peu épineuſe, qui s'élève ſur les arbres
& les haies, dont les fleurs d'un blanc éblouïſ-
ſant ont des pétales très-étroits, frangés, longs
d'un demi pied ; le fruit eſt de la groſſeur & de
la forme d'une poire de martin ſec, l'écorce eſt
rouge de ceriſe en dehors, & la pulpe eſt de
couleur de pourpre en dedans ; le fruit eſt tout
au plus ſupportable, quoique l'on le mange avec
délices à Campêche, mais cela eſt pardonnable
dans une ville ſi pauvre.

Enfin, une cinquième eſpèce eſt le cacte cierge
flagelliforme, qui croît paraſitiquement ſur les
troncs d'arbres, & s'élève dans les haies de la
plaine du Cul-de-Sac. Ses tiges articulées ſont
cilindriques, très-épineuſes, rondes & groſſes
comme le gros bout d'un fouet de poſte ; ſes
fleurs ſont d'une couleur de ceriſe très-vive, aucun
des cactes rampans ne s'élève par ſoi-même, mais
ils rampent en ſe ſoutenant ſur les buiſſons ; les
arbuſtes s'élèvent à quinze & vingt pieds de haut.

Avant de quitter ce qui concerne les cactes
anguleux, on doit avertir que l'on ne peut regarder le nombre de leurs angles comme un caractère invariable & propre à en déterminer les
eſpèces, parce que l'on a vu dans les mêmes
eſpèces ce nombre d'angles varier dans les unes,

à

à trois, à cinq, & dans d'autres de cinq à quatorze & quinze.

Tous les cactes hérissons, melons, cactes,
cierges anguleux, droits ou rampans, sont articulés, & tous ces articles sont prolifères ; un
seul mis en terre, ou pour mieux dire, un seul
gemme d'un article mis en terre reproduit un
article : il paroît de-là qu'il étoit inutile de carac-
tériser les opuntia comprimés par l'épithète de
prolifère.

Les cactes opuntia comprimés à articles prolifères, sont des cactes dont les articles levés &
applatis ne sont ni crênelés ni striés ; mais ces
articles oblongs ovales, cunéiformes ou en forme
de feuilles de pourpier, naissent les uns des autres ; ils sont quelquefois de l'épaisseur d'un pouce
& demi, de quatorze lignes au moins dans les
plus petites espèces. Les feuilles ont au moins
six pouces de long, sur trois ou quatre de large ;
dans les plus grandes, on les voit de trente pouces de long sur douze, quinze & dix-huit de
large, & deux pouces d'épaisseur quelquefois.
Dans les articles qui ont quelquefois quinze pouces
de large au sommet, tandis que leur base n'est
que d'un pouce de diamètre pendant l'adoles-
cence, cette base s'accroît parallèlement au sommet, la surface plane se remplit & prend une
forme cilindrique, & dans l'âge avancé, tous les
articles sont tellement réunis, qu'ils ne forment
plus qu'un seul tronc parfaitement cilindrique

S

fur lequel on n'apperçoit plus d'articulation ; il eſt une eſpèce rampante de ces opuntia au Mexique.

Cette ſection de cacte eſt encore plus nombreuſe que la précédente ; ſi Linnée ſe plaint avec raiſon que celle-ci ſoit décrite peu exactement, on peut aſſurer que la deſcription des opuntia eſt encore plus incomplète, tant pour le nombre que pour les formes ; il en eſt au Mexique trente eſpèces très - différentes de toutes celles décrites par les botaniſtes connus : on n'a eu ni le temps ni la liberté de les décrire, ni les moyens de les emporter dans un voyage très-rapide. On conſeille au botaniſte qui ſera aſſez heureux pour être envoyé en ce pays avec une pleine liberté de voir & d'agir, d'y entrer par le golfe de Honduras, & de pénétrer juſqu'à Guatimala, de reprendre le chemin de la Vera-Crux par Guaxaca, & Theguacan ; arrivé en cette ville de tourner vers Mexico, paſſer à Chapuléo, & de-là côtoyer la mer du ſud au nord-oueſt juſqu'au golfe de Californie ; il auroit lieu de décrire parfaitement les cactes, & ſeroit certain de rapporter des richeſſes infinies en plantes inconnues à la botanique.

Les opuntia ſont connus en France ſous ce nom & ſous ceux de raquette, de cardaſſe, de crapaudine, figuier d'Inde.

Une eſpèce eſt le *tuna* de *Dillenius* ; c'eſt celle que l'Eſpagnol de Vera - Crux nomme *tanas*, celle que le colon de Saint-Domingue appelle raquette des bords de mer; il s'élève rarement en arbre; ses articles sont solides, épais, rigides, d'un verd clair tirant sur le vert-d'eau, & en forme de feuille de pourpier; ses épines sont jaunes, la corolle persistante; le fruit d'une écorce verte & rouge est allongé en forme de figues, de la grosseur d'un petit œuf, rempli d'une pulpe pourpre, peu sapide: on en fait des gelées, des liqueurs, des sirops; on en colore les confitures & les liqueurs.

Le *pereschia* est une seconde espèce connue à Saint-Domingue sous le nom de patte de tortue, il existe au Môle S. Nicolas, & dans la plaine du Cul-de-Sac de S. Domingue; il est très-épineux, & à l'âge de trois ou quatre ans, élevé en arbre, ses articles le sont infiniment moins, mais le tronc reste armé d'épines épouvantables; ces épines sont blanches, plus longues que celles du tuna, & plus nombreuses. Ses articles sont oblongs, fléchis en différens sens; l'épiderme en est tuberculé, inégal; les fleurs sont de couleur aurore; le fruit devient une pomme ronde de la grosseur d'une pomme d'apis, d'un vert clair, d'une écorce coréacée, qui ne s'ouvre point en tombant, la pulpe en est d'un blanc grisâtre, d'un acide peu agréable au goût, on ne lui connoît aucun usage.

Il en est une troisième grande espèce à articles en forme ovée, dont les tiges s'élèvent en arbres, ſes gemmes étant rarement armés d'autres choſes que de leurs ſoies, & d'une, deux ou trois épines courtes. Ses fleurs à pétales ouverts ſont jaunes de paille, le fruit eſt de la groſſeur d'un œuf, ſa pulpe qui ſe mange eſt aſſez agréable, ſon écorce eſt jaune : c'eſt ce que les colons appellent raquette eſpagnole.

On en a apporté une quatrième eſpèce de Campêche, que l'on ſoupçonne commune aux Antilles, pour en avoir vu la peinture de la main d'un ingénieur qui a ſervi à la Martinique ; ce caſte a les articles peu armés, d'une ou deux épines à chaque gemme, les jeunes articles en ont rarement, ils ſont oblongs, avec l'écorce, & parfaitement liſſes, d'un vert ſombre & très-luiſant dans les adultes, & d'un vert clair dans les jeunes articles, il s'accroît en arbres ; ces articles ont depuis ſix juſqu'à quinze pouces de haut, ſur trois & neuf de large ; ſes fleurs ſont des pétales connivens, couleur d'une ceriſe tirant ſur le pourpre, très-vif. Le piſtil eſt terminé par un ſtigmate jaune, ſouffre & fendu en ſix pièces, ſurpaſſant les pétales avec les étamines. Son fruit de la groſſeur d'un œuf de pigeon & tronqué au ſommet eſt creux, de couleur de ſang ; la pulpe eſt de la même couleur. Ce fruit a peu de ſaveur, & a l'inconvénient comme bien d'autres d'être armé de ſoies brûlantes qui déſolent quand on les touche.

On n'a pas pour objet ici d'énumérer & d'écrire

toutes les espèces données par Linnæus, & dé-
montrées dans l'école de botanique du jardin du
roi à Paris ; cela est inutile & impossible, parce
qu'elles sont insuffisamment décrites dans Linnæus, & qu'on ne peut pas plus, à l'aide de ses
descriptions, reconnoître ces plantes exotiques
lorsqu'on les revoit dans leur patrie, qu'il n'est
possible d'y reconnoître celles que l'on a vues au
jardin du roi, où elles ne peuvent être cultivées
avec l'aisance qu'elles exigent, pour acquérir un
développement suffisant, & ces traits énergiques
de caractère qui séparent une espèce d'une autre,
parce que d'ailleurs y fleurissant & les fruits y
mûrissant rarement, on perd les signalemens les
plus précieux de la plante.

On n'esquisse ici les descriptions de quelques-
unes des plus vulgaires, que pour les mieux
retracer à la mémoire des habitans de la métropole & de la colonie qui les ont vues, & pour
en donner une notion suffisante à ceux qui ne
les ayant jamais vues, seront tentés de les voir
& de se les procurer, pour s'instruire du but que
l'on a en les décrivant.

On ajoutera donc seulement pour des raisons
évidentes, une sixième espèce, vue dans l'intérieur des terres du Mexique, depuis Theguacan
jusqu'à Guaxaca, qui est la dominante dans les
champs, que l'on appellera *nopal silvestre* ; il s'élève
en buisson de dix-huit & vingt pieds de haut :
ses articles sont arrondis au sommet en forme de

feuilles de pourpier, & ils ont dix ou quinze pouces
de grandeur fur fept & dix pouces de largeur ; toutes les gemmes font armées de rofes d'épines, au
nombre quelquefois de douze ou quinze épines
blanches, courtes, qui s'entrelaffent les unes dans
les autres, & empêchent abfolument de porter les
doigts fur la furface de l'article, qui eft d'un vert
blanchâtre ou jaunâtre ; les fleurs font fur le
même article, quelquefois de trois couleurs à la
fois fur la même feuille, pourpre, couleur de
rofe, & gris-de-lin ou lilas. Les pétales en font
très-ouvertes, le fruit qui fuccède eft gros comme
une noix, de couleur de fang peu agréable. Les
plants que j'avois ont pourri en mer pendant
la traverfée, avec des pitahiahas.

La feptième efpèce vue au Mexique en a été
apportée. C'eft le nopal des jardins du Mexique ;
il n'a été vu nulle part ailleurs dans les champs
& les bois de ce pays. Ce nopal n'a pas eu le
temps de fleurir à Saint-Domingue, parce qu'il
a été dépècé fans fin, pour le multiplier à mefure
que les gemmes ont produit de nouveaux articles.

Une huitième efpèce nommée le nopal de Caftille à Guaxaca, a été apportée de cette ville &
des environs avec le vrai nopal : elle eft fans
contredit la plus belle efpèce des opuntia, tant
parce qu'elle eft la plus grande, fes articles ayant
jufqu'à trente pouces de haut fur une largeur de
vingt, qu'à caufe de fa belle couleur, d'un vert
glauque damaffé. On dit que les fruits en font

délicieux, ni eux ni leurs fleurs n'ont été vus jusqu'à présent ; elle est appelée nopal de Castille, par excellence, parce que tout ce qui vient de Castille est excellent, & que tout ce qui est excellent doit être de Castille ou porter le surnom de Castille ; tant ce peuple, long-temps possesseur & habitant avec l'Arragonnois de l'Amérique, à l'exclusion des autres provinces d'Espagne, est habitué à une haute idée de sa patrie.

On croit en posséder une nouvelle espèce que l'on a rapportée, & long-temps confondue avec les vrais nopals pendant qu'elle étoit jeune, & sans caractère bien saillant, à moins que ce ne soit toujours le nopal de Castille auquel elle ressemble beaucoup, & qu'elle n'en eut été séparée par accident, pendant les embarras du voyage de terre & de la navigation.

Il ne sera question essentiellement dans cet ouvrage que de ces trois dernières espèces, & en passant de la troisième espèce ci-dessus, appelée vulgairement à Saint-Domingue raquette espagnole : avant de détailler ces trois espèces particulières, il faut terminer ce chapitre par quelques observations sur l'usage des cactes.

Le bois de cactes cierges ou cactes opuntia arborescens est spongieux, long-temps humide ; quand il est coupé ou renversé par accident, il se pourrit avant d'être sec, & il ne reste de parties solides que les nervures qui étoient devenues bois, & qui pour lors ne sont plus que le

S iv

squelette informe de la plante, impropre à tout usage de charpente ou de menuiserie; on veut dans la plaine du Cul-de-Sac que le tronc des pereschia soit un bois très-solide; cela doit être vérifié avant d'être cru.

On voit le peuple françois, colon de Saint-Domingue, blanc, nègre ou mulâtre, chirurgien, médecin, ou femmelette, employer indistinctement toutes espèces d'opuntia qu'ils ont macérées dans le feu ou bouillies dans de l'eau, en cataplasme, en lavement, en syrop, en bien des circonstances opposées : l'usage de ces plantes me paroît trop universel.

On mange le fruit de la plupart au Mexique & à Campêche; on n'a que les moins distingués dans la colonie de Saint-Domingue; ils y sont peu célébrés.

L'Indien du Mexique mange non-seulement les fruits de tous les cactes, mais il met les bourgeons des fleurs ou des articles dans sa marmite quand ils ont un pouce ou deux de hauteur.

On vend sur le marché de Guaxaca des jeunes articles d'opuntia, longs de six & huit pouces, larges de deux ou trois, cuits à l'eau, qui se mangent en manière d'asperges avec une sauce blanche, au vinaigre & à l'huile, ou avec les sauces faites avec le piment, & la baie du solanum lycopersicon (1).

____

(1) Pentandria monogyn.

CHAPITRE II.

De la propriété des cactes, relativement au but de cet ouvrage.

QUELQU'ATTENTION que l'on ait donnée à chercher des cochenilles sur les melons cactes, sur les cierges droits & rampans, on n'en a pas vu jusqu'à présent, quoiqu'ils nourrissent plusieurs sortes d'insectes.

Mais on voit constamment à Vera-Crux la cochenille silvestre sur le *tunas* de Dillenius, dit *tanas* par les Espagnols. Dans l'intérieur des terres depuis Theguacan jusqu'à Guaxaca, on voit la même cochenille silvestre habiter sur l'espèce d'opuntia désignée ci-dessus sous le nom de nopal silvestre; elle y est en telle abondance, qu'elle fait périr les articles, qui tombent en pourriture avec les insectes. Partout où ce nopal se trouve habité par la cochenille, il a toujours un port malade; son vert tire sur le jaune: c'est peut-être la raison pour laquelle on ne le voit jamais s'élever en arbre; l'insecte attaquant toujours les articles supérieurs, comme les plus jeunes, force cette plante à prendre de l'amplitude, & à s'étendre latéralement en buisson.

La cochenille silvestre habite le cacte pereschia, dit patte de tortue, au môle Saint-Nicolas,

& dans le fond de la plaine du Cul-de-Sac fur les revers du petit côteau dont elle eſt bordée.

Quoique le tuna de Dillenius, dit raquette, des bords de mer ſe trouve également dans ces deux parties, cependant il eſt abandonné par la cochenille ſilveſtre, qui préfère le pereſchia ; le pereſchia eſt ſurnommé patte de tortue par le peuple, parce que ces différens articles oblongs ſont toujours droits, rigides, & ont les uns à l'égard des autres une ſituation verticale ou perpendiculaire.

Quoique la cochenille ſilveſtre habite ces deux opuntia, jamais elle n'y abonde, ni ne pullule en ſi grande quantité que ſur le nopal ſilveſtre.

La cochenille ſilveſtre habite avec ſuccès l'opuntia apporté de Campêche, elle y devient très-belle & très-groſſe, mais elle ne s'y agglomère pas en autant de places que ſur le nopal ſilveſtre. Cet opuntia a encore le mérite de pouvoir nourrir la cochenille fine, & quoique ce ſoit à quatre cent pour cent de perte en comparaiſon du vrai nopal des jardins du Mexique, on lui doit beaucoup d'égards, parce que quand on manque des premiers pour ſemer en entretien, c'eſt-à-dire, pour conſerver du plant, on ſe ſert avantageuſement de celui-ci. S'en ſervir pour la récolte, ce ſeroit une pure perte ou pour mieux dire une folie ; il peut cependant ſervir à récolter la ſilveſtre, ſi on manquoit des autres moins épineux.

Après le nopal silvestre, l'opuntia qui nourrit le mieux & en plus grande abondance la cochenille silvestre, c'est celui que l'on appelle raquette espagnole à Saint-Domingue ; elle y pullule tellement, que pour peu que l'on néglige de la recueillir chaque deux mois, les articles pourrissent, tombent , & la plante en est ruinée ; l'insecte s'y plaît tellement qu'il habite également tous les articles vieux ou jeunes ; il n'a pas été possible de comparer lequel de ces deux opuntia nourrit le mieux les cochenilles silvestres, parce que le nopal silvestre apporté du Mexique a péri en mer. Cela est d'ailleurs indifférent , parce que dans la culture on doit absolument rejeter le nopal silvestre pour les raisons qu'on en donnera.

Mais ceux qui la nourrissent infiniment mieux que tous les précédens, sont le vrai nopal des jardins du Mexique , & le nopal de Castille. La cochenille silvestre y devient presqu'aussi grosse que la cochenille fine ; elle y est moins cotonneuse que sur les autres espèces de cactes ; ce coton y est moins tenace, il y est plus lâche, plus diffus que sur toutes les espèces de cactes sur lesquels il forme un matelat serré , rembourré, qui protége l'insecte contre la pluie (1).

______

(1) Non-seulement le coton qui enveloppe la cochenille silvestre protége l'insecte contre la pluie , mais il lui sert de défense contre les fourmis. La nature en refusant cette

Sur le même nopal il devient un flocon clair & léger comme la neige, & il eſt pendant tout autour de l'inſecte, comme une légère toile d'araignée, mais bien plus fin.

Pour faire voir d'un ſeul coup-d'œil l'utilité de chacun des cactes, opuntia connus dont on a parlé juſqu'ici, par rapport à l'éducation de la cochenille, car il en eſt peut-être vingt autres eſpèces qui peuvent la nourrir, il ſuffit de les ranger par ordre, ſelon le degré de leurs vertus, bien conſtatées par de longues obſervations, en commençant par les moindres, & finiſſant par les meilleurs.

On mettra au plus bas de l'échelle le *tuna* ou raquette des bords de mer : après lui le *pereſchia* ou patte de tortue ; enſuite l'opuntia de Campêche ; enſuite le nopal ſilveſtre, puis l'opuntia dit raquette eſpagnole ; enfin le vrai nopal des jardins du Mexique, & au plus haut le nopal de Caſtille.

Il eſt prouvé par expériences, que la couleur rouge, violette, jaune ou blanche, des fruits des différens opuntia ne ſert ni ne nuit à la couleur de la cochenille qui ſe nourrit ſur ces cactes, & n'eſt pas une cauſe, ni un indice de leur aptitude plus ou moins grande à nourrir cet inſecte.

---

armure à la cochenille fine, lui a donné pour la garantir un corſelet plus ſerré : cependant la cochenille fine a des ſoies qui ſervent auſſi à éloigner les inſectes.

Après avoir rangé ces opuntia dans l'ordre des degrés de leur aptitude à nourrir la cochenille filveftre, il faut encore en faire un triage, & les difpofer felon leur facilité à fe laiffer approcher. Pour entendre ceci, il faut favoir que tous les opuntia font épineux, les uns plus que les autres ; quoique la piquûre de leurs épines ne foit pas venimeufe, elle eft très-douloureufe, très-incommode. Il eft de ces opuntia, tels que la patte de tortue dans fon adolefcence, & le nopal filveftre à tout âge, dont on ne peut abfolument toucher la furface fans fe bleffer ; leurs épines difpofées en chauffe-trape, comme les pieux de plufieurs rangs de chevaux de frife, s'entrecroifent fur l'article, tandis que les autres s'allongent en avant : quelque chargés qu'ils foient de cochenille filveftre, on ne peut la recueillir qu'avec des épingles ou des petites pincettes, & le plus habile ouvrier n'en feroit pas deux onces par jour, c'eft-à-dire, qu'il ne gagneroit au plus que deux efcalins ou réales, pendant qu'un autre ouvrier pourroit recueillir trois ou quatre livres de cet infecte par jour fur des opuntia moins épineux, & conféquemment gagner trente-fix réales au moins, prix de cette denrée à Guaxaca même, ce qui équivaut par la valeur de la piaftre en cette ville à quarante-neuf efcalins & demi, autrement à trente-neuf livres deux fols fix deniers monnoie de la colonie françoife de Saint-Domingue. Ceci bien entendu,

il est évident que l'on ne peut cultiver la cochenille à bénéfice que sur les opuntia les moins
épineux : il faut donc absolument rejeter le
tuna ou la raquette des bords de mer, le pereschia & le nopal silvestre du Mexique qui est le
plus féroce de tous, il ne restera plus que
l'opuntia de Campêche, la raquette espagnole,
le vrai nopal, & le nopal de Castille ; c'est
aussi dans cet ordre que l'on doit les semer de
cochenille à défaut les uns des autres ; ainsi
donc si les nopals manquent, on se servira de
l'opuntia de Campêche pour semer la cochenille ;
on conçoit qu'il n'est question ici que de la
cochenille silvestre ; la propriété des cactes opuntia
relativement à l'éducation de la cochenille fine
sera la matière du chapitre suivant.

CHAPITRE III.

Des cactes propres à nourrir la cochenille fine.

QUAND les opuntia épineux pourroient nourrir
en abondance la cochenille fine, les raisons qui
portent à les exclure de l'éducation de la cochenille silvestre suffiroient également pour leur refuser l'éducation de la cochenille fine ; mais la
nature de leur sève & la conformation extérieure de leur écorce se refusent elles-mêmes à
cette éducation. L'expérience a appris que les

petits des mères cochenilles placées fur le tuna
y naiffent, mais y périffent. La même chofe eft
arrivée conftamment fur les perefchia. De pa-
reilles épreuves faites fur la raquette efpagnole,
ont eu à-peu-près le même fuccès ; on dit à-
peu-près, car des nombreufes générations de dix
mères cochenilles qui ont été placées plufieurs
fois, deux ou trois femelles font reftées vivan-
tes, mais ont toujours langui, & n'ont pu s'accroître jufqu'à la même grandeur qu'acquéroient
leurs femblables fur les nopals. Tout le refte
périt en dix jours de temps ; ainfi, quoique cette
efpèce d'opuntia ne foit pas plus épineux que
les nopals, elle ne peut fervir à l'éducation de
la cochenille fine. On pourroit le regretter vu
la beauté de ce cacte, la facilité avec laquelle
il s'accroît promptement, la grandeur volumi-
neufe de fes articles fi propres à loger de nombreux effaims & à donner une ample & riche
récolte, & furtout parce qu'il eft déjà affez
commun dans la colonie de Saint - Domingue
pour fuffire à former des pépinières ; mais heureufement on fera bientôt confolé de fon inutilité par la culture du nopal de Caftille apporté
du Mexique ; celui-ci eft auffi grand, auffi beau
& auffi prompt à croître, & il a en outre
l'avantage de nourrir la cochenille fine très-
abondamment.

L'opuntia de Campêche, moins avantageux dans
la culture de la cochenille filveftre que la raquette

espagnole parce qu'il eſt plus petit , parce que ſes articles ſont moins vaſtes , & parce que la ſuperficie entière ne ſe couvre pas également de cochenille ſilveſtre , a un mérite eſſentiel qui le dédommage bien de ſes imperfections. Il peut nourrir la cochenille fine : trois années d'expériences ont prouvé cette vérité ; il en nourrit peu il eſt vrai, mais ſi toute autre eſpèce manquoit , la récolte de cochenille ſeroit moins abondante , cette denrée ſeroit plus chère , mais on en auroit ; il y a toujours la moitié , ſouvent les trois quarts des petites cochenilles fines qui y périſſent , le reſte réuſſit à s'y fixer, à ſe nourrir, à s'y accroître , ſinon en totalité , du moins en grande partie , au point où s'accroît la cochenille fine ſur les vrais nopals. La cochenille y eſt quelquefois deux mois & demi à croître ; elle y eſt généralement plus petite que ſur le vrai nopal , mais quoiqu'on ne doive s'en ſervir qu'à défaut des nopals , quoiqu'on n'en parle pas pour la recommander & la vanter dans la culture ; on doit reconnoître l'obligation qu'on lui a d'un ſervice eſſentiel rendu pendant une longue traverſée ; les nopals apportés du Mexique pourriſſoient : tous les jours on en jetoit à la mer ; le nombre des inſectes apportés avec la plante couroit riſque de diminuer en proportion , ou de s'anéantir faute d'aliment ; on toucha heureuſement à Campêche , on y trouva ce cacte , on l'eſſaya ; la tentative fut heureuſe , il défraya

les

les cochenilles pendant le reste du voyage &
même depuis trois ans qu'il est arrivé à terre,
on lui a continué l'agrément de remplir un si
bon office, pendant que le chétif reste des vrais
nopals du Mexique, échappé des dangers d'une
navigation de trois mois, s'est refait de ses fati-
gues, s'est multiplié & a prospéré. C'est à cet
opuntia que la colonie françoise de Saint-Domingue doit maintenant l'avantage de posséder
le vrai nopal & la cochenille fine. Il est plus
que probable que sans son secours tout étoit
perdu, & qu'une longue, pénible & hasardeuse
entreprise échouoit.

Quiconque entreprendra la culture de la
cochenille fine sans avoir déjà une pépinière
suffisante de vrais nopals du Mexique, pourra
la nourrir sur l'opuntia de Campêche, qui lui
sera délivré en attendant que le nopal qu'on lui
fournira soit multiplié, & de l'âge qui sera
prescrit pour lui confier la nourriture de la cochenille fine. C'est cette sorte de culture de la
cochenille fine sur l'opuntia de Campêche que
l'on doit appeler culture à semer ou à entretenir,
parce qu'en effet, la multiplication de l'insecte
va tout au plus à un tiers au-delà de l'entretien
du nombre dans lequel on le sème.

T

CHAPITRE IV.

Du nopal.

IL y a deux espèces d'opuntia que l'on nomme *nopal* au Mexique, l'un est celui que les Indiens nomment simplement *nopal*, l'autre est celui qu'ils nomment *nopal de Castille*. Ces deux espèces existent actuellement à Saint-Domingue.

Tout ce qui est connu de ces nopals jusqu'à présent, quant au caractère de la plante, se réduit à la forme extérieure des racines & des tiges, parce que l'on n'a pas encore vu ses fleurs ni ses fruits. On ne s'hasardera pas de rapporter ce que quelques auteurs ont dit, tant par crainte d'être démenti par les faits postérieurs, que parce que les descriptions qu'ils ont données ne cadrent pas avec ce que l'on a appris de la bouche des Indiens. Les botanistes ne s'accordent pas entre eux dans les descriptions de ces plantes, l'un donnant une forme ovée, l'autre une forme arrondie aux articles. Quelques - uns attribuent des fleurs couleur de sang à ces plantes, pendant que les Indiens assurent que la fleur est pourpre.

On décrira simplement les racines & les tiges du nopal. On traitera ensuite de sa propriété, puis de sa culture.

Le nopal est un cacte opuntia à articles com-

primés ; fes racines font d'un gris cendré tirant
fur le jaune ; elles deviennent ligneufes avec
l'âge : il y en a toujours une pivotante ou perpendiculaire , d'autres horifontales ; elles font
rondes , prémorcées , tendres dans les jeunes
plants , & ligneufes dans les adultes.

La tige des nopals s'élève en arbres droits
comme la plupart des autres opuntia; fes articles
font d'une forme oblongue, ovale ; ils ont depuis
dix jufqu'à dix-huit pouces de longueur, fur cinq
ou neuf de large , & un pouce & demi ou
environ d'épaiffeur. Quand la plante a acquis
tout fon développement , l'écorce des articles
offre une furface douce au toucher , très-légèrement & très-finement veloutée , dans les articles d'un an ou de fix mois. Elle eft d'un vert
fombre dans les adultes , & d'un vert clair &
luifant dans les jeunes. Les gemmes font armées
d'une ou deux ou trois épines au tronc de la
plante, dont une eft plus grande que la feconde ,
& celle-ci plus grande que la troifième quand
il y en a trois : quand il n'y en a que deux ,
l'une eft toujours plus grande que l'autre , ces
épines font grandes d'un pouce au plus , groffes
d'un feizième de ligne à la baze , ligneufes ,
folides , très-aiguës & poignantes : ce qui diftingue les opuntia non épineux , tels que celui de
Campêche , les raquettes efpagnoles & le nopal
de Caftille de ceux qui le font , n'eft donc pas
le défaut abfolu d'épines , mais fimplement la

moindre quantité & leur grandeur , c'est-à-dire
seulement qu'il n'y a que quelques gemmes épi-
neuses & quelques épines rares sur ces gemmes.
Ces épines sont toujours plus grandes , plus nombreuses & plus fortes sur le tronc & aux branches anciennes jusqu'à l'âge de deux ou trois
ans ; car alors elles disparoissent , on voit rarement plus d'une ou deux épines courtes sur les
jeunes articles ; souvent il n'y en a point du
tout , mais quand il s'y en trouve , elles ne sont
rien moins qu'innocentes , car elles blessent comme
les autres ; au reste , les gemmes sont toujours
garnies de faisceaux de soies rousses brûlantes
comme tous les autres opuntia. Ces soies sont
au niveau de l'écorce dans les articles d'un an
& seize mois , elles sont plus incommodes que
dangereuses , quand on les touche elles entrent
subtilement dans les doigts & les mains ; &
comme elles sont crenelées de même que les
barbes des épis d'orge , elles s'insinuent toujours plus avant d'elles-mêmes à chaque mouvement quand on les néglige. La partie blessée
suppure & tombe en escarre ; le grand remède
contre l'incommodité de ces soies , si on ne
peut les tirer avec les doigts , ce qui est assez
difficile , parce qu'étant très-fragiles elles rompent souvent & restent en partie dans la chair
c'est de frotter légèrement de suif la blessure.
Par ce moyen la démangeaison cesse , ainsi que
la douleur , & la suppuration ne la suit pas.

CHAPITRE V.

Du nopal de Castille.

Tout ce qui vient d'être dit des soies & des épines du nopal convient également au nopal de Castille. Ses racines sont les mêmes que celles du nopal & de la même couleur; il devient arbre comme lui, mais il en diffère essentiellement dans les tiges. Ses articles sont plus grands; il en est de trente pouces de longueur sur douze & quinze de large. Ils ressemblent très-bien à une raquette par leur forme arrondie au sommet comme la feuille de pourpier, ils sont d'un vert d'eau très-clair & très-gai; cette couleur est une espèce de damassé comme celui des prunes rouges & brunes: le doigt l'efface en le touchant dans les articles de six mois ou un an, mais non pas dans les plus âgés. Le port de cette plante est splendide: aucun terme ne peut mieux peindre la vivacité, la magnificence de la végétation, l'abondance, la grandeur, le développement de ses articles; en un mot on ne connoît pas de plus bel opuntia.

Cette espèce de nopal ne vient pas de Castille, comme son nom semble nous l'indiquer, mais on l'a surnommé ainsi à cause de sa beauté, & ce surnom n'a pu lui être donné que par les

Caſtillans. On ne peut rien dire de ſes fleurs & de ſes fruits, qui n'ont point été vus. C'eſt très-certainement une eſpèce parfaitement diſtincte du nopal : a-t-elle les mêmes propriétés que celui-ci à l'égard de la cochenille fine ? Les Indiens l'aſſurent poſitivement ; nous en avions douté d'après des expériences faites en mer, ſoit que la circonſtance ne fût point favorable & que l'extrême jeuneſſe du plant qui n'avoit que deux articles n'y convînt point ; ſoit enfin qu'on s'y ſoit pris avec peu d'adreſſe, peu de petites cochenilles s'y fixèrent, & y réuſſirent ; mais on eſt bien aſſuré maintenant, après ſix expériences conſécutives, qu'il n'y a point de différence entre la récolte de la cochenille ſur cette eſpèce, à celle faite ſur le nopal.

Mais s'il eſt auſſi propre à l'éducation de la cochenille que le nopal, comment les Indiens ne l'employent-ils pas indifféremment ? Pourquoi n'en ont-ils pas des jardins plantés en entier ou à moitié, ou pour le quart ? Cette plante leur ſeroit-elle connue nouvellement ? & par cette raiſon le peuple toujours eſclave de l'habitude n'auroit-il encore pu abandonner l'ancienne routine de planter le nopal, & haſarder à employer celle-ci uniquement, ou par partie égale, à l'éducation de la cochenille ? Ce qu'il y a de bien aſſuré, c'eſt que l'on n'a point vu de nopalerie plantée en entier, ni pour moitié, ni pour le quart du nopal de Caſtille. Partout depuis Té-

guahacan jufqu'à Guaxaca , on a vu des nopals
chargés de cochenille ou déjà récoltés ; mais on
n'a point vu de nopal de Caftille qui en fut
chargé , ou fur lequel on en eut récolté ; on a
vu dans prefque tous les jardins quelques plants
de nopal de Caftille que certainement les Indiens
y cultivent pour le fruit , mais non pas pour la
culture. Le temps & les obfervations ou les
réflexions apprendront fans doute la manière
de concilier ces contradictions apparentes , mais
on s'en tiendra là quant à préfent , & tout ce
que l'on dira déformais en traitant de la propriété & de la culture du nopal , devra s'entendre également de celle du nopal de Caftille
afin de ne pas furcharger ce traité de répétitions.

Avant de quitter le chapitre de la defcription
du nopal , il eft bon d'avertir que pour décrire
les cactes opuntia exactement par leurs tiges ,
il ne fuffit pas de prendre le premier article venu
pour caractérifer la plante ; car fur un plant de
nopal oblong, ovale par exemple , il fe trouvera
quelquefois des articles elliptiques ou à-peu-près
ronds, ou cunéiformes, ou triangulaires, ou ovés.
Qui voit une feuille de chêne , voit à-peu-près
la forme de toutes les feuilles d'un même arbre ;
il n'en eft pas de même des articles des nopals ,
parce qu'il s'y trouve quantité d'articles qui ont
des formes accidentelles différentes de la forme
générale des autres. Quand donc on veut donner
une idée exacte des articles , il faut réunir men-

talement les articles qui ont une forme exactement semblable, & si leur nombre surpasse, non-
seulement celui de quelques formes particulières,
mais encore celui de toutes les collections particulières de formes accidentelles, ce sera ceux-
là que l'on devra choisir pour en décrire la forme
& l'attribuer spécialement à la plante. C'est ce
défaut d'attention, où l'impossibilité de donner
cette attention, qui fait que l'on ne reconnoît
pas les cactes aux descriptions qu'en ont faites
plusieurs auteurs qui n'ont point vu les plantes,
& qui ne les ont décrites que sur la forme ac-
cidentelle de l'article qu'on leur a apporté, &
non sur la forme de la majeure partie de ces
articles.

CHAPITRE VI.

Propriété du nopal.

La véritable & la plus essentielle propriété du
nopal connue au Mexique, est de nourrir la
cochenille fine plus aisément, plus sûrement
& plus abondamment qu'aucune autre espèce
d'opuntia.

C'est aussi la seule sous laquelle il est important de le considérer dans ce traité : on peut
dire qu'il la possède dans un degré éminent. De
toutes les petites cochenilles qui sortent des

lits posés sur un nopal, & qui peuvent s'y fixer avant que la violence du vent ou quelqu'autre accident les en précipitent, il n'en manque pas communément deux ou trois par centaine; dès que cet insecte a inséré sa petite trompe dans l'écorce de la plante, il y est fixé, & de ceux qui sont ainsi fixés, on en voit rarement trois par centaine ne pas parvenir au degré d'accroissement que la nature a fixé à chacun dans son sexe. Est-ce la facilité que les pattes de l'insecte trouvent à se cramponner dans la surface veloutée de l'écorce des articles du vrai nopal qui lui donne cette propriété ? C'est ce que le poli & la lissure de l'opuntia de Campêche, & principalement du nopal de Castille semble contredire, car ces opuntia sont parfaitement glabres & polis, & cependant le premier perpétue seulement la cochenille fine, tandis que l'autre la nourrit à foison, de manière à la pouvoir récolter; est-ce la qualité de la sève seulement qui suffit pour attacher l'insecte à cette plante ? C'est ce que paroît me confirmer l'opuntia de Campêche, qui le nourrit peu, parce que sans doute la qualité de sa substance est plus éloignée de celle du vrai nopal; & le nopal de Castille ne la nourrit abondamment que parce que la quantité de la sienne en est peut-être plus rapprochée. Les Indiens n'ont rien pu répondre de vraisemblable à cette question; on n'a rien observé qui put l'éclaircir : on s'est borné simplement à multiplier la plante autant qu'il a été possible, & l'insecte autant qu'il étoit nécessaire pour ne pas le perdre, en attendant que la quantité de nopal permît de le multiplier davantage. Le temps d'étudier à loisir, peut-être même le hasard, répandront dans la suite plus de lumières sur une question qui importe toujours peu aux cultivateurs qui auront une ample pépinière de nopal, & qui ne doit fixer l'attention, ou piquer la curiosité que des philosophes & des naturalistes. Une question du même ordre seroit de savoir si le nopal est une espèce d'opuntia naturel au Mexique? On ne l'a vu nulle part dans les campagnes, ou si elle est une pure variété obtenue par la culture, puisqu'on ne l'a trouvé que dans les jardins? Cette question, comme on le voit, doit être assez indifférente au but de cet ouvrage, & paroît d'ailleurs résolue par les assertions qui suivent l'une & l'autre position : cependant on ne peut conclure la négative de l'un & l'affirmative de l'autre, parce qu'on n'a pas parcouru toute l'Amérique, ce qui seroit nécessaire pour assurer la justesse de la conséquence ; car si le nopal est une espèce distincte & caractérisée, les espèces se perdent moins que les variétés, qui rentrent souvent dans les espèces ; il seroit possible que l'on trouvât cette espèce dans quelque coin ignoré du vaste empire du Mexique, soit chez quelqu'autre peuple dont le Mexique l'auroit reçu.

L'origine des arts chez chaque peuple se perd dans la nuit des temps. L'usage de ces arts indique une ancienne habitude, & cette habitude a été précédée par des expériences infinies, par des tentatives toujours nombreuses, toujours contrariées, toujours soumises à tout ce que l'ignorance de la multitude, l'envie des rivaux, le joug & le pouvoir des préjugés, ou un usage contraire peuvent jeter d'entraves au génie.

Un art quelconque est donc toujours une preuve de l'antiquité d'un peuple qui le possède. Si le nopal est une variété obtenue par la culture, c'est l'effort même de cette culture qui prouve l'antiquité du peuple chez lequel on l'a trouvé. On voit clairement comment le Mexicain trouvant par-tout la cochenille silvestre sur le nopal silvestre a pu éprouver du premier abord la beauté de la teinture qu'elle produit, être excité à la récolter & s'en tenir là; mais si le vrai nopal est une variété & non pas une espèce primitive, il faut accorder un temps infini & attribuer une grande quantité de connoissances aux Mexicains qui l'ont arraché au mistère de la nature; & l'on n'apperçoit pas si clairement que ce peuple soit aussi moderne qu'on veut le persuader : & si on lui dénie ce long temps, & cet acquis de connoissance en qualité de peuple moderne, renouvellé d'un peuple antérieur, il faudroit au moins accorder que les connoissances qu'il a eues de la propriété

des nopals & de l'éducation de la cochenille,
est une conquête faite sur quelqu'autre nation
& un reste de l'héritage de ses pères qu'il a
sauvé du naufrage des siécles ; ce qui reculeroit
encore bien plus loin l'origine de la culture du
nopal & de l'éducation de la cochenille, laissant
à qui il appartient de traiter ces intéressantes
matières ; il faut rentrer dans celles que l'on
expose, & ajouter que si le nopal est parfaitement propre à éduquer la cochenille fine, il
l'est infiniment plus à éduquer la cochenille silvestre ; & c'est sur le nopal que cet insecte
perd en partie la ténacité & la quantité de
son coton : c'est sur le nopal qu'il acquiert une
grandeur double de celle qu'il a sur les autres
opuntia quand il reste abandonné aux soins de
la nature ; c'est sur le nopal que les plus pauvres Indiens qui font de la cochenille la sèment:
c'est sur le nopal que le colon de Saint-Domingue
qui voudra faire toute l'année de la cochenille
silvestre, devra la semer : il n'y a nulle comparaison à faire, soit pour la quantité, soit
pour la grosseur & la qualité de la cochenille
que nourrissent les opuntia, entre celle que
nourrit le nopal & celle que produisent les
autres espèces dont on ne doit se servir que
subsidiairement.

Il faudra donc s'appliquer à cultiver & multiplier à l'infini le nopal, & à mesure que l'on
pourra s'en passer, abandonner les autres espèces

dont on a déjà parlé pour l'éducation de la cochenille silvestre, & ne se servir pour celle-ci que
du nopal; mais en attendant qu'il soit multiplié
au point suffisant à défrayer la cochenille silvestre, il convient de se servir pour celle-ci de
la raquette espagnole & de l'opuntia de Campêche, & de ne donner le nopal qu'à la cochenille fine. Par ce moyen le cultivateur pourra
faire en même temps, & plutôt qu'il ne le
pourroit sans ces auxiliaires, de la cochenille
silvestre & de la cochenille fine.

CHAPITRE VII.

De la nopalerie.

Le terrain dans lequel on cultive les nopals
pour y recueillir de la cochenille fine ou silvestre,
s'appelle au Mexique *nopalerie*. On doit conserver dans l'art de cette culture ce nom qui est
si beau, quoique francisé du terme espagnol
nopalerie, qui dérive avec grâce du nom propre
nopal, nom purement mexicain. Une nopalerie
doit être bien fermée de murailles s'il se peut :
sinon d'une bonne palissade ou d'une haie vive,
non dans la crainte qu'aucun animal en mange (1)

(1) Les chiens mangent le nopal, & ils peuvent faire
un dégat dangereux dans une jeune nopalerie.

les plants. On ne connoît aux grands qua-
drupèdes aucun goût pour cet aliment; mais
dans la crainte qu'en y entrant par hafard ou
pour quelqu'autre caufe, ils ne foulent les jeunes
plants & ne renverfent les anciens : & ce qui
n'eft pas moins dommageable, qu'ils ne faffent
crouler une récolte de cochenille dans leurs
courfes, par des mouvemens violens communi-
qués aux nopals.

Une nopalerie d'un arpent ou d'un arpent &
demi, eft fuffifante pour exercer les forces &
l'attention d'un feul Indien pendant fix mois de
l'année, & lui-même y fuffire. On n'a pas vu
dans une culture de quarante lieues, une nopalerie qui eût plus de deux arpens; les plus
grandes que l'on ait vues & les mieux tenues
font celles d'un nègre libre à huit lieues de
Guaxaca, & celle d'un autre nègre libre dans
le fauxbourg de cette ville. La première de ces
nopaleries étoit de deux arpens, & la feconde
d'un arpent & demi : voilà l'étendue que l'on peut
leur donner pour les proportionner aux travaux
d'un feul homme intelligent & actif, car il n'eft
pas néceffaire qu'il foit robufte.

Si la nopalerie eft fermée de murailles, cette
forte de clôture recélant moins d'infectes que
les haies, il fuffira de tenir les plants éloignés
de quatre pieds de la muraille; mais fi elle eft
fermée de haies, il fera avantageux que les
nopals foient féparés d'elles par une allée de dix

pieds de large, qui régnera tout autour du jardin entre la haie & les nopals. Quelle que puisse être la figure du terrain d'une nopalerie, il faut en diriger la plantation *est & ouest*, par des lignes tirées du nord au sud sur lesquelles on plantera en alignement perpendiculaire à l'est, de manière qu'une face de nopal (car tous les cactes opuntia ont toujours deux faces sur lesquelles la majeure partie de leurs articles sont disposés) ait l'exposition du soleil levant des équinoxes, & l'autre l'exposition du même soleil couchant. On plante les nopals en pépinière ou à demeure en nopalerie. Dans le premier cas, on donne une distance de deux pieds entre chaque plant ; dans l'autre cas, on les plante à six pieds de distance les uns des autres sur des lignes parallèles, à six pieds également de distance. On peut planter en quinconce ou en quarré simple, cela est indifférent, mais comme on doit donner le plus de grâce possible à une plantation si précieuse & si durable, il faut s'asservir à l'une ou à l'autre de ces dispositions.

On aura soin de ne laisser aucun arbre à l'est d'une nopalerie, afin qu'elle reçoive tous les premiers rayons du soleil levant, ce qui est d'une grande importance pour la marche des petites cochenilles, qui aiment sortir du nid à cette heure pour aller se fixer sur la plante, parce qu'ordinairement le vent n'est pas encore levé ou n'est pas encore fort. On abattra de même les arbres à vingt toises au moins au sud, à l'ouest, & au nord de la nopalerie, parce qu'il est certain que l'ombre de l'après midi & l'abri du vent d'ouest sont favorables à la cochenille. Cependant les immondices des feuilles des branches sèches & enfin tous les insectes nuisibles qui habitent les grands arbres gênent une nopalerie, la salissent, & nuisent aux cochenilles, dont elles recèlent les ennemis ou même les attirent. C'est pour cette raison que l'on aura soin d'écarter de la nopalerie tous débris d'animaux ou végétaux, tant pour éloigner de-là les rats & les fourmis qui en vivent, que pour ne laisser aucune place commode à certaines mouches ou phalènes pour y déposer leurs œufs. En un mot, une nopalerie doit être encore plus propre qu'un jardin d'indigo, surtout pendant la saison de la récolte. C'est dans cette vue que l'on doit sercler deux fois pendant les pluies, & quatre fois s'il est possible pendant la saison des secs qui est l'hiver, (1) vrai temps d'élever la cochenille ; les ennemis de cet insecte précieux ne trouvant dans une nopalerie aucune retraite pour se soustraire à l'œil vigilant du maître, se logent ailleurs, ou s'ils ne le font pas, il est aisé de les exterminer.

On pardonnera aux araignées qui courent sans tendre de toile, ainsi qu'à celles qui tendent

____

(1) Il faut observer que ce ne sera pas la saison la plus favorable dans la partie du nord de St. Domingue.

leurs

leurs filets autour des nopals, quoique cela
puisse avoir un coup-d'œil désagréable. 1°. Parce
qu'aucune araignée ne mange de cochenille. 2°.
Parce que les grosses araignées mangent les
ravets ennemis du nopal. 3°. Parce que celles
qui tendent des filets y prennent les papillons,
les phalènes, les teignes, les mouches, & d'autres insectes nuisibles par leurs vers ou chenilles.
4°. Enfin, parce que les fils d'araignée tendus
d'une branche à l'autre servent de route aux
petites cochenilles, pour se porter de leur nid
par le chemin le plus court à l'endroit qui
leur convient le mieux, & souvent sur un nopal
voisin, où il n'y en a pas assez. Parce qu'enfin,
les toiles d'araignées empêchent les fourmis de
passer outre, de molester les grosses cochenilles,
de dévorer les petites, & quelquefois de manger
les mères dans les nids, aussitôt qu'elles sont
mortes ; car il y en a une certaine espèce qui
dévore ces insectes vivans.

Le terrain d'une nopalerie doit être naturellement sec, & ne recevoir d'autres eaux que
celles du ciel, un sol marécageux, uligineux,
plein d'eaux vives qui sourdent d'eaux croupissantes, ne convient nullement pour une nopalerie. Le terrain de la nopalerie sera nivelé s'il
est possible, afin que les eaux n'y séjournent pas,
ou qu'elles n'en entraînent pas les terres par
les ravines qu'elles se creusent quand leur pente
n'est pas également rapportée sur la surface d'un

terrain : telles font les belles nopaleries de la plaine de Guaxaca.

Si on étoit forcé d'établir fur la pente d'un côteau, il feroit avantageux que les terres fuffent mêlées d'une certaine quantité de pierres ou de cailloux qui foutinffent ces terres, & entre lefquelles les nopals jetaffent de fortes racines pour réfifter aux coups de vents.

Toutes fortes de terres argileufes, graveleufes, talqueufes ou remplies de cailloux, graffes ou maigres, conviennent à une nopalerie ; le nopal y réuffit à-peu-près également ; on peut pourtant affurer que les terres aux environs de Guaxaca font excellentes, le nopal naturellement y réuffit mieux que dans d'autres : ainfi on ne négligera pas un bon terrain pour établir dans un moindre : plus la terre eft bonne, plus le nopal doit y faire de progrès, & conféquemment y être plutôt en état de nourrir la cochenille. Une des fituations les plus agréables pour une nopalerie, c'eft d'avoir de grands abris contre les violences du vent de nord & de la brife d'eft, toujours plus forte que celle d'oueft dans l'isle Saint-Domingue, comme dans les provinces de Guaxaca, comprifes entre les mêmes parallèles. C'eft pour cela que les gorges des montagnes, les vallons & les culs-de-facs, où cette brife ne peut exercer fa furie, font des places excellentes pour les nopaleries : on a remarqué que les cochenilles de la montagne

étoient plus grosses que celles de la plaine de
Guaxaca; les raisons qui font désirer cette situation sont : 1°. Pour que les petites cochenilles
sortant du nid ne soient point emportées de
dessus le nopal avant qu'elles aient pu s'y fixer.
2°. Afin que la cochenille déjà avancée en âge
ne soit pas tourmentée & molestée par la violence du vent qui les agite, & les empêche de
s'accroître, soit en les desséchant, soit en dis-
tendant leur trompe.

Après l'avantage de l'abri pour la situation du
terrain d'une nopalerie, il en est un également
intéressant, c'est le degré de température de l'air;
une température de seize degrés au-dessus de la
congélation du thermomètre de Bourbon, à quatre heures du matin, pendant le mois de Mai a
été observée pendant huit jours dans les gorges
& les plaines de Guaxaca; or l'on ne peut douter qu'elle ne soit préférable à toute autre, puisque c'est de cette province que l'on tire la plus
belle cochenille de tout le Mexique; cependant
une température de dix-neuf degrés à la même
heure pendant les mêmes mois, dans les bords
de mer de la colonie de Saint-Domingue, dans
la partie la plus brûlante de cette isle, & peut-
être de toute l'Amérique, le Port-au-Prince,
n'exclut pas la culture de la cochenille, puisqu'elle y réussit, & que les petits éclos ne perdent que trois par cent de leur nombre; mais
afin que personne ne soit induit en erreur à cet

égard, il faut avouer que la cochenille y eſt d'un ſixième plus petite qu'à Guaxaca ; cependant la critique ne doit prendre nul avantage de cet aveu, parce que 1°. jamais il n'eſt venu dans l'idée d'établir cette culture ſur les bords de la mer, mais au Port-au-Prince, où la ſeule néceſſité des moyens de vivre a forcé de faire des eſſais ; 2°. parce qu'il eſt dans cette colonie autant de températures d'air différentes où l'on peut établir la culture de la cochenille, que de nombres depuis neuf juſqu'à vingt-cinq, ſelon l'élévation des terres que l'on habite, ou ſeulement l'éloignement des foyers qui concentrent la chaleur dans les plaines ; ce qui achève de prouver qu'un pareil degré de chaleur ne peut y préjudicier eſſentiellement, c'eſt que malgré cette température du matin à Guaxaca, à midi le thermomètre de Bourbon s'eſt trouvé à vingt-quatre degrés de chaleur ordinaire pendant le mois de Mai, de même qu'il a été obſervé au Port-au-Prince pendant le même mois.

Il eſt très-important que les nopaleries ſoient placées dans une température d'air de ſeize degrés, à quatre heures du matin dans le mois de Mai ; il eſt encore infiniment plus intéreſſant qu'elle ſoit aſſiſe ſous un ciel parfaitement ſec pendant l'hiver, ou s'il eſt pluvieux & que les pluies ſoient périodiques, il eſt très-avantageux de connoître parfaitement le retour de ces périodes, & leur fin. Si ces périodes laiſſent un intervalle

de deux mois de féchereffe entre leur fin & leur
retour, le territoire fitué fous un tel ciel fera
propre à une nopalerie ; s'il eft pluvieux irrégulièrement, & d'une irrégularité conftante, il faut
abandonner ce territoire ; il faut encore diftinguer fi ces pluies irrégulières font des petites
pluies douces & paffagères comme en Europe,
ou même des brumes & des brouillards ; en ce
cas il ne faut pas abandonner la partie ; mais
fi ces pluies irrégulières font des orages, des ouragans (1), de ces redoutables pluies qui tombent
en torrent, & dont les gouttes font autant de
fracas & même de dommages que les grèles d'Europe, il faut fuir & porter les nopals & la
cochenille ailleurs, parce qu'alors la récolte de
la cochenille feroit très - incertaine & peu pro-
ductive : on en verra les raifons dans l'éducation
de la cochenille filveftre. Voici donc l'ordre de
féchereffe du ciel, fous lequel on doit choifir le
territoire propre à affurer la culture des nopals.
On doit regarder comme le plus bas degré d'aptitude, un ciel qui verfe irrégulièrement des pluies
même légères & peu durables, depuis le mois
d'Octobre jufqu'au mois de Mai : on peut y faire
de la cochenille, mais fi ces pluies tombent au
moment des femailles, il eft dangereux qu'elles

----

(1) Les orages, les ouragans ne font point conftans dans
aucune partie de la colonie ; on en éprouve cependant de
très-violens, mais dans des temps indéterminés.

ne faſſent périr un tiers ou moitié des nouvelles cochenilles : vient enſuite le ciel nébuleux couvert de brouillards & de brume ; il vaut mieux que le précédent, parce que les gouttes d'eau qu'il répand ne peuvent tuer par leur poids les cochenilles encore jeunes, & ne les glacent pas, vu que le ſoleil dans le climat de Saint-Domingue paroît tous les jours de l'année.

Après un ciel brumeux, l'on doit préférer celui qui eſt pluvieux régulièrement, & laiſſe un intervalle aſſuré de deux mois de ſéchereſſe entre chaque période de pluie ; on préférera de même celui qui pendant l'hiver donne deux intervalles de ſéchereſſe à celui qui n'en donne qu'un ; enfin on doit préférer à tous ceux-ci, le ciel qui pendant les ſix mois de l'hiver ne répand aucunes pluies, ſi ce n'eſt un ou deux petits grains en Janvier ; tel eſt conſtamment le ciel de toutes les provinces de Guaxaca & celui de la plaine du Cul-de-Sac de S. Domingue, obſervé pendant les années 1777, 1778 & 1779. Pluſieurs particuliers aſſurent qu'il ne pleut jamais pendant l'hiver dans les quartiers d'Acquin (1) du fond du

---

(1) M. Gauché, notre aſſocié au Port-de-Paix, a expoſé de l'alkali fixe, du tartre, à l'air libre pendant pluſieurs nuits dans la plaine du Port-à-Piment : il n'eſt point tombé en deliquium. Des feuilles de papier expoſées de même n'ont pas pris la moindre humidité. Voyez ſon mémoire pour ſervir à l'hiſtoire onzième du quartier du Port-à-Piment, avec l'analiſe des eaux thermales de Boynes.

Cul-de-Sac, & de la Défolée, près de l'Artibo-
nite : tant mieux pour la culture de la cochenille, ce font des terres favorifées du ciel à cet
égard ; & cette culture peut y indemnifer les
poffeffeurs des terres, de l'impoffibilité où une
telle fécherefle les met d'entreprendre toute
autre culture.

On ajoute même qu'il y a tout au plus trois
mois de pluie dans ces quartiers pendant toute
l'année. Si ce fait de la plus haute importance à
conflater étoit vrai , il s'enfuivroit que l'on
pourroit faire quatre récoltes affurées de cochenille pendant l'année, & que ces parties de la
colonie françoife de Saint-Domingue l'emporteroient même à cet égard fur toutes les provinces de Guaxaca. Ces parties de la colonie pourroient toutes feules fournir la métropole de cette
précieufe denrée (1).

C'eft donc effentiellement & uniquement pour
l'intérêt du public, qu'il a été demandé à tous
les colons dans le Nº. 3 du fupplément des affi-
ches américaines du 18 Janvier 1780, un journal fuccinct , ou mémoire météorologique des
pluies de toute cette année, dans tous les quartiers de l'isle. On avoit principalement en vue
de s'inftruire de ces faits, & de pouvoir défigner
par ce moyen aux colons les territoires les plus
favorables à la culture du nopal, & à l'éduca-

---

(1) Voyez cet avis dans la préface.

tion de la cochenille. Inſtruit de ces motifs , tout habitant éclairé, pourra déſormais s'aſſurer par ſes propres lumières du plus ou du moins d'apti-tude de ſes terres à une nopalerie.

Tout ce qui vient d'être dit, tant de la tem-pérature du ciel que de la ſéchereſſe requiſe pour une nopalerie, doit s'entendre uniquement d'une nopalerie pour la cochenille fine ; la nopalerie de la ſilveſtre n'exige pas à beaucoup près tant de précautions, on pourra l'aſſeoir dans toutes les plaines les plus brûlantes, à Saint-Domingue ſans diſtinction d'un ciel plus ou moins pluvieux, & des ſaiſons de la ſéchereſſe & des pluies : on y pourra recueillir de la cochenille ſilveſtre pen-dant toute l'année, cependant en moins grande quantité dans la ſaiſon des pluies que dans la ſéchereſſe.

L'habitant qui voudra récolter de la cochenille ſilveſtre & de la cochenille fine, fera pour cela deux plantations de nopal, l'une deſtinée pour une eſpèce d'inſecte, & l'autre pour l'autre eſpèce : ces plantations ſeront à la diſtance de cent per-ches au moins l'une de l'autre, ſéparées par un ou deux carreaux de terre s'il eſt poſſible, plan-tés d'arbres ou tout au moins de cannes à ſucre (1), ſi le terrain le permet, ou enfin de mahys ou de

---

(1) Nous ne conſeillons pas de planter des cannes à ſucre, dans la crainte d'attirer les fourmis, qui d'après nos obſer-vations ſont un ennemi redoutable dans une nopalerie.

petit mil, & si l'on ne peut faire autrement, par des halliers ou buissons, de manière que si la largeur du terrain le permet, elles soient toutes deux *est* & *ouest* sur les mêmes lignes, & au même vent; il donnera la droite autrement le sud à la cochenille silvestre, & la gauche ou le nord à la cochenille fine : si son terrain n'est pas assez large pour comporter cette disposition, & que sa longueur étant *est* & *ouest* l'on soit obligé de planter ces nopaleries au vent l'une de l'autre; alors, en observant de les séparer comme il a déja été dit par une distance de cent perches au moins, l'on mettra la nopalerie destinée à la cochenille fine, au vent de la nopalerie destinée à la cochenille silvestre : on rendra ci-après de bonnes raisons d'un arrangement si bisarre en apparence. Les Indiens, il est vrai, ne prennent pas toutes ces précautions, mais on ne doit pas copier servilement leurs modèles dans ce qu'ils ont de vicieux; c'est peu d'imiter dans les arts utiles & agréables, il faut encore surpasser quand on le peut. Le négliger est un défaut qui met l'imitateur au-dessous de son modèle, parce que cette négligence l'inculpe d'ineptie & de paresse tout à la fois.

CHAPITRE VIII.

Culture du nopal.

IL n'eſt guères de plantes dans le règne végétal qui exigent moins de culture & ſe multiplient plus facilement de boutures que les nopals. Il ſemble que plus on les néglige & mieux ils réuſſiſſent ; en effet, un article de péreſchia, tombé & laiſſé ſur terre auprès de la haye d'un jardin s'eſt élevé à dix pieds de hauteur en un an de temps, & a donné plus de trente articles : on voit des tunas mis quelquefois dans des terres arides, ſur une ſablière ſous le toît, pour boucher le paſſage aux rats, pouſſer des racines, croître & produire des articles & des fleurs (1) ; cependant comme ces ſingularités ſont quelquefois le produit de circonſtances heureuſes & inconnues, on ne les prendra pas pour règle de culture & de la manière de multiplier ; on ne donnera rien au haſard dans des opérations ſi importantes, & l'on ſuivra ce que l'on a vu pratiquer chez les cultivateurs, & ce qui a réuſſi dans des expériences particulières, répétées depuis quatre ans ; tout ce que l'on dira de la

―――――――――

(1) Cela démontre que l'air contient des principes qui coopèrent à la nutrition & au développement des plantes : cela a lieu probablement pour les plantes graſſes & dans les ſaiſons pluvieuſes.

manière de planter & multiplier les nopals, devra s'entendre également de la raquette espagnole & de l'opuntia de Campêche.

Après que le cultivateur aura trouvé un terrain qui réunisse le plus grand nombre des qualités essentielles, exigées dans le chapitre précédent; après qu'il l'aura clos le mieux que ses facultés & la terre le permettront, quand enfin il l'aura nivelé, s'il y a lieu, & pris toutes les précautions indiquées contre la putréfaction des eaux croupissantes & le ravage des eaux courantes, il ne lui restera plus qu'à planter la nopalerie. S'il veut faire de la cochenille silvestre sans avoir encore de nopal, il plantera en raquette espagnole & en opuntia de Campêche de la manière ci-après.

S'il n'a que peu de nopal, il doit le planter en pépinière pour le multiplier promptement, plutôt que de le planter à demeure pour y semer de la cochenille fine : s'il a beaucoup de nopal & qu'il veuille éduquer en même temps la cochenille fine & la cochenille silvestre, il plantera des nopals pour la cochenille fine, & des raquettes espagnoles & des opuntia pour la cochenille silvestre.

Enfin, s'il y a des nopals suffisamment pour faire une nopalerie de cochenille fine, & une de cochenille silvestre, il le fera ; & dans tous les cas, voici les procédés qu'il suivra.

On préparera les terres pendant la sécheresse

qui précède les pluies du printemps , ou pendant le temps de la féchereffe qui précède les pluies de l'automne. Si le terrain de la nopalerie eft rempli d'arbres & de buiffons, on ne les coupera pas , mais on les arrachera , en les déracinant exactement ; on emportera troncs, branches & feuilles hors de la nopalerie pour les brûler , & les laiffer pourrir ailleurs , parce que le feu trop violent qu'ils donneroient, fi on les brûloit fur place , cuiroit la terre , & la durciroit en brique : une terre réduite à ce terme ne peut s'impregner d'engrais , ni donner une couche convenable aux racines des plantes (1). S'il n'eft rempli que d'herbes , on arrachera toutes ces herbes au couteau en déracinant les plus petites & coupant les plus grandes entre deux terres ; on les étendra pour fécher au foleil , quand elles feront bien sèches on les arrangera fur plufieurs lignes de deux ou trois pieds de large , & d'un demi pied d'épaiffeur , & ramaffant foigneufement avec elles tous les débris des feuilles on les brûlera ; cela extirpe déjà la majeure partie des femences qu'elles ont répandues fur la terre. Le feu doux & momentané

---

(1) Le procédé de la combuftion eft adopté dans la colonie pour nettoyer les terrains que l'on veut planter ; il peut être nuifible pour les terres légères & fablonneufes, mais il eft utile pour les terres argileufes & compactes : d'ailleurs on a foin de ne planter que lorfque la terre a été rafraîchie par des pluies.

que donneront les légers débris de ces plantes ne peut nuire à la surface de la terre végétale ; & ils y laissent avec leurs cendres des sels qui peuvent la bonifier. Le terrain ainsi nettoyé, on le défoncera avec la bêche ou louchet s'il est possible ; sinon, s'il est trop pierreux, on aura soin d'en ôter toutes les pierres un peu grosses, & on le défoncera à un pied de hauteur avec la houë, ayant soin de bien ranger les terres à mesure qu'on les remue en brisant les mottes. Par le moyen de ce défoncement de terre, on précipite au fond le reste des semences des plantes qui étoient à la surface ; elles y pourrissent, ou ne peuvent lancer leurs germes hors de terre.

Les terres étant préparées de la sorte, on passera le rateau dessus pour les bien dresser, ensuite on prendra tout autour de la nopalerie les allées qui la séparent des clôtures ; enfin, on la partagera en deux ou quatre carreaux par une ou deux allées qui se croiseront, faciliteront le passage, le rendront libre, feront naturellement des divisions de travail, & contribueront à la beauté du coup-d'œil. Les allées étant dressées, on tirera dans chaque division des lignes du nord au sud pour mettre les plants. Ces lignes seront un fossé de demi pied de profondeur, & d'un pied de largeur. On rejettera toutes les terres du fossé du côté *de l'est*. S'il s'agit d'une pépinière, il faut que le terrain en soit parfaitement nivelé, & que les terres relevées par le bord en talus tout autour de la pepinière , obligent les eaux de se filtrer intérieurement, & les empêchent de raviner & découvrir les racines, dont elles emporteroient les terres dans leur cours pour les laisser ensuite découvertes , & dessécher par l'ardeur du soleil. On plantera alors en quarré ou en quinconce les nopals à deux pieds de distance l'un de l'autre sur des lignes parallèles ; si l'on plante en pépinière , si l'on plante à demeure pour une nopalerie , on placera les nopals en quarré ou en quinconce , à six pieds de distance les uns des autres sur des lignes parallèles : ces lignes seront des fossés comme on a déjà vu ci-dessus.

On plante toujours un mois & demi ou environ avant le solstice d'été & d'hiver à Guaxaca: la raison en paroît bonne ; comme les sèves sont alors épuisées, la plante n'est point sollicitée par l'action de la saison de pousser ses bourgeons ; elle ne reste pas oisive pour cela ; elle employe en racines ce qu'elle ne dépense point en bourgeons. Ces racines mêmes lui préparent un accroissement de forces, de manière que quand la nature en amour ranime & développe tous les germes moins vivement en Septembre , mais plus précisément en Mars , les nopals font explosion, & les bourgeons s'élancent de toutes parts avec impétuosité ; ce qui n'arriveroit pas , si on plantoit avant les équinoxes, parce que la plante n'auroit pas acquis dans le repos une si grande provision de sève, parce qu'elle auroit pouſſé moins de racines.

Les nopals que l'on prend pour le plant des nopaleries à demeure doivent être compoſés de deux articles, l'un au-deſſus de l'autre, jamais de trois : le troiſième tomberoit & pourriroit (1). Ces articles ſont pris depuis le ſommet de la tige juſqu'aux racines. Les plus voiſins des racines ſont ordinairement les plus puiſſans à pouſſer en terre; leurs racines étant plus groſſes, ils donnent des bourgeons plus grands & plus promptement.

On ne doit pas rompre, caſſer, ni arracher les articles deſtinés au plant; il faut les couper proprement avec le couteau au point d'interſection qui ſe trouve à l'articulation entre deux articles : il en réſulte deux bons effets, le premier que la plante reſtante ſur laquelle on a pris le plant cicatriſe mieux & plus promptement ſa bleſſure, comme cela arrive au plant lui-même : cela n'a rien de défectueux ni de choquant à l'œil ; ſecondement on évite les maladies que le tiraillement des nervures, & la lacération de la ſubſtance charnue cauſent infailliblement.

Il eſt d'expérience conſtante que plus les articles que l'on plante ſont grands, plus ils

____

(1) Cela n'arrive pas toujours Il eſt déſavantageux de planter dans le temps de la floraiſon , parce que les plantes fourniſſent des fleurs avant de donner des bourgeons, & cela en retarde le développement.

donnent de bourgeons & de beaux articles, de
manière que si un article étoit coupé en quatre
parties, dont on mettroit chacune en terre, les
articles qui en naîtroient ne seroient jamais
moitié de la grandeur de celui dont ils font les
quarts; il est vrai que les articles qui naissent de
la sève suivante font toujours de plus en plus
gros, jusqu'à-ce qu'ils aient atteint le terme de
grandeur constante, assigné à leur espèce; mais
cela même est un inconvénient, car alors les
tiges étant trop puissantes pour le tronc, le
moindre coup de vent ou une pluie violente
les déracinent, & il faut replanter de nouveau:
cela justifie la précaution que l'on prescrit de
ne planter que de grands articles. Un naturaliste
certain & prévenu que chaque gemme de la
plante est seule capable de fournir une bouture,
croiroit multiplier rapidement un plant de nopal
en en divisant l'article en autant de boutons
qu'il y a de gemmes: il réussiroit pour la majeure
partie à en obtenir des bourgeons; mais ces
bourgeons seroient petits, cilindriques, spatulés,
& ordinairement chétifs, jusqu'à la sève suivante,
que ces cilindres & spatules donneroient alors
des articles d'une forme régulière, mais d'une
grandeur au-dessous de l'ordinaire; il n'obtiendroit qu'à la troisième sève des plants analogues
pour la grandeur & la forme à celui duquel il
les auroit tirés; alors le poids des tiges emporte
le tronc, la plante se déracine, & le naturaliste
est

est obligé de recommencer la plantation; pendant que le jardinier instruit par l'expérience, s'il a peu de plants de nopals à mettre en pépinière, composera chacun d'un article entier qu'il se gardera bien de diviser; sa nopalerie sera bien moins nombreuse en individus, mais en revanche chacun donnera deux ou trois articles semblables à lui dès la première sève; dans la seconde, les articles qui naissent des précédens auront acquis la grandeur ordinaire que leur a fixé la nature; chacun de ces plants aura un tronc proportionné à sa tige, & le jardinier laissera le naturaliste derrière lui occupé à replanter un nombre d'articles toujours moins gros, & souvent moindre que le sien, quoiqu'ils aient l'un & l'autre commencé avec la même quantité. Ainsi il est un terme que l'avidité doit craindre de franchir, & la nature plus lente dans ses opérations que les progrès de l'art, est toujours plus sage & assure des succès plus certains.

Quand l'Indien de Guaxaca plante une nopalerie à demeure, il place ordinairement dans chaque fosse deux plants & même quelquefois trois, composés de deux articles chacun, soit afin que la nopalerie soit garnie plus promptement, soit enfin qu'en cas d'accident les uns suppléent aux autres. Sauf à arracher les superflus par la suite; quand le nopal sera aussi multiplié à Saint-Domingue qu'il l'est à Guaxaca, on pourra en agir de la sorte : d'ici à ce temps,

X

il fuffira de mettre un plant dans chaque foffe.

On place obliquement ces articles dans la foffe de manière que l'un foit toujours à plat tout entier fur la terre, & que la moitié de l'autre au moins en forte, de façon que l'inclinaifon du plant à l'*ouest* forme avec le fol un angle très-aigu, & à l'*est* un angle très-obtus ; on couvre l'article couché à plat fur la terre de deux pouces de celle qui eft tirée du foffé, on y remet les terres, & on les applanit, on ne peut couvrir la plante de terre avec trop de précaution : pour peu qu'elle foit trop chargée de terre elle pourrit ou languit long-temps, il vaut mieux pécher par en mettre moins que trop. Ce que l'on dit ici des cactes peut s'appliquer avec peu d'exceptions généralement à toutes fortes de plantes ou herbes de Saint-Domingue, par-tout où la terre eft argileufe ou compacte.

Il paroît indifférent aux Indiens que l'article pofé dans la terre y foit couché de plat ou de can, on n'en penfe pas de même : on a vérifié que les plants pofés de can pouffoient des pivots latéraux à droite & à gauche, mais toujours horifontalement & rarement des perpendiculaires, ce qui n'affujettit pas le plant dans une fituation affez fixe ; au lieu que quand l'article eft couché de plat, il fort de la moitié de cet article en-deffous un puiffant pivot perpendiculaire ; ce qui joint aux racines horifontales de

droite & de gauche , donne une affiette iné-
branlable au plant , & capable de braver les
vents & les pluies d'avalaffe. C'eft la raifon
pour laquelle dans les plantations en pépinières
où l'on ne met qu'un article , on le pofe à plat
dans un foffé de trois pouces de profondeur ,
& on jette une poignée de terre fur le milieu
de la feuille. On a effayé fi les plants mis en
terre verticalement réuffiroient mieux : ils ne
réuffiffent pas fi bien ; on a effayé s'ils réuffiroient mieux la face de l'article plantée à angle
obtus au couchant & aigu au levant , ils ne
réuffiffent pas fi bien ; on a effayé fi une pépinière abritée *à l'eft*, réuffiroit mieux qu'une abritée
à l'oueft, & l'avantage eft demeuré à cette dernière. Enfin l'on a effayé s'il étoit plus avantageux de l'abriter *au fud* que de l'abriter *au nord*,
le fuccès a été partagé également: dans le printemps, où le foleil parcourt les fignes fepten-
trionaux du zodiaque , la pépinière abritée au
fud a eu l'avantage, & pendant l'automne, où
le foleil parcourt les fignes méridionaux , la
pépinière abritée au nord a repris l'afcendant ;
il faut donc conclure que dans les trois dernières pofitions abritées , l'afpect du foleil levant
eft une faveur fingulière pour le plant (1). Les

---

(1) Nous croyons que dans la partie du nord de cette
colonie , il conviendroit de former un rideau au nord & fud
pour couvrir les plantes & les défendre, ainfi que la cochenille , de la violence des vents de ces parties.

articles qui ont porté & nourri récemment de
la cochenille ne doivent point être plantés,
ils pourriroient : c'est une expérience qui a pensé
coûter cher, lorsqu'arrivant du Mexique, on voulut
multiplier trop impatiemment les nopals : tous
les articles qui avoient nourri la cochenille pendant le voyage, & qui furent imprudemment
plantés, pourrirent.

On a depuis répété cette expérience par curiosité, & l'événement a été le même; voici comment l'on conçoit ce phénomène. Les utricules
de la plante sont vuides & épuisées de sève; si
on sépare ces articles pour les mettre en terre,
les rameaux ne charient plus de sève dans ces
utricules, qui ne sont plus remplies que d'air,
avant que de nouvelles racines puissent y faire
porter de nouveaux sucs; l'action de l'air dont
ils sont pleins en corrompt les parois, la gangrène gagne & la plante périt; ce qui confirme
ces faits, c'est que quelques articles qui ont
échappé étoient vuides, précisément où une cochenille avoit vécu; l'écorce s'y est d'abord pourrie,
ensuite desséchée : une nouvelle écorce s'est mon-
trée dessous.

Si pour obtenir de beaux nopals dans une pépinière, on y met des engrais, il faut que ce soit
un fumier moitié de bœuf & moitié de cheval
ou de mulet, parfaitement consommé, & réduit
en pur terreau : il faut alors le bien mêler avec
la terre; mais hors ces cas, les Indiens assurent

qu'ils ne mettent jamais d'engrais dans les nopaleries ; il faut les imiter, parce que le fumier y
attireroit trop d'animaux, tels que les rats, les
souris, les léſards, les ſcarabées, les fourmis &
les ravets, &c.

Les nopals étant plantés comme on l'a preſ-
crit, il faut avoir ſoin de ſarcler après toutes les
pluies, juſqu'à ce que l'on les sème en cochenille ; on ne peut tenir une nopalerie trop proprement, on en a peu vu de telles, mais la
pareſſe & la malpropreté du maître ne peuvent
être une excuſe pour les diſciples ; il ne doit y
avoir qu'une ſeule ſorte d'inſecte dans une nopalerie, c'eſt la cochenille ; tous les autres, quelqu'innocens qu'ils ſoient, y ſont dès-lors ſuſpects,
l'araignée exceptée ; or ſi on laiſſe empoiſonner
la nopalerie d'herbes étrangères, outre que les
ſemences s'y perpétuent, que les herbes ſuffo-
quent les jeunes plants, & gênent les grands,
ces herbes ſont la retraite & la pâture de mille
inſectes pernicieux.

On ne doit ſarcler une nopalerie nouvellement
plantée que le couteau (1) à la main ; on coupe
toutes les herbes étrangères, entre deux terres,
& on les jette vîte déhors, afin qu'elles ne laiſ-

---

(1) On peut arracher les jeunes herbes à la main, ou
employer la gratte. La houe & la bêche ſont incommodes
& dangereuſes à manier dans une nopalerie, & on ne pourroit le faire qu'en s'expoſant à mutiler le plant.

fent point leurs femences fur place. Pour cet
effet, il ne faut jamais attendre qu'elles foient
grandes; on doit bien fe garder de fe fervir de la
bêche ou de la houë, parce que ces inftrumens
trop mordans couperoient les racines des nopals,
qui s'étendent au loin à un pouce au plus de
profondeur.

Quand les nopals font en état d'être femés de
cochenille, on peut les farcler avec une très-
petite houë avant la femaille, & un mois après;
de manière qu'une nopalerie doit être farclée au
moins quatre fois pendant l'année, mais il faut
bien fe garder de farcler lorfque la cochenille eft
prête d'être récoltée, parce que le moindre mouvement peut la faire crouler; ou s'il eft néceffaire
de le faire il faut farcler avec le couteau. Quand
il arrive des féchereffes de plus de quatre ou cinq
jours pendant l'été, on arrofe; il eft très-utile
d'arrofer la pépinière de nopal avec la pomme
de l'arrofoir, de manière à tremper la terre feulement de fix à huit lignes. Le principal fruit
qu'en retirent les plants, c'eft par fes tiges hu-
mectées & rafraîchies: on voit alors les bourgeons fortir, ceux qui font fortis croiffent encore
plus vîte; à plus forte raifon, peut-on l'arrofer
utilement pendant les longues féchereffes de l'hiver, une fois chaque huit jours. Pendant les longues féchereffes, qui durent fix mois à Guaxaca,
les articles fupérieurs de nopal font quelquefois
flétris, & ceux qui nourriffent les cochenilles

ridés & épuisés (1). Il semble qu'il seroit utile alors de pouvoir mettre l'eau dans une nopalerie sur les racines des plants, pendant deux ou trois minutes seulement, & l'en retirer sur le champ, tel seroit l'avantage d'une nopalerie nivelée ; on l'a essayé en petit avec succès, l'on peut absolument s'en dispenser. Mais si cela est utile à la plante sans nuire à l'insecte, pourquoi le lui refuser? Or cela lui est utile, car il n'y a que les pluies supérieures qui tombent sur elle qui lui font tort.

La nopalerie étant plantée & entretenue comme il vient d'être prescrit, les plants croissent promptement ; on les laisse parvenir à la grandeur de quatre à cinq pieds & demi, six pieds au plus, ils arrivent à cette taille en deux ans de temps ; mais dix-huit mois après qu'ils ont été plantés, ils sont déjà en état de recevoir la cochenille & on les sème.

On continue à les semer pendant six ans : c'est le temps qu'une nopalerie peut rendre service. Au bout de six ans, on en arrache tous les nopals & on les recèpe de leurs branches, ou on les recèpe à un pied & demi de terre. Ce dernier procédé qui est toujours le plus expéditif paroît le moins utile, parce qu'une nopalerie de cette sorte a toujours mauvaise grâce, & est plus mal propre. Secondement les vieilles

---

(1) Nous avons vérifié ces observations.

X iv

souches & les troncs de ces plantes récèlent beaucoup d'infectes nuisibles : en troisième lieu , comme il est constant qu'une plante se perfectionne d'autant plus qu'elle est plantée souvent , surtout dans le genre des cactes, qu'on n'a pu dépouiller des nombreuses épines (1) que par ces opérations répétées à l'infini , il paroît que faute de ce manège, la plante s'abrutit & redevient agreste , si on l'abandonne trop long-temps à son propre caractère (2).

CHAPITRE IX.

Des maladies , des ennemis , & des autres accidens du nopal.

IL n'est aucune de toutes les maladies , aucuns des ennemis & des accidens du nopal qui puissent ruiner une nopalerie bien établie. Quelques plants ou même quelques articles peuvent en souffrir & périr ; mais cela est rare, le dommage

---

(1) Cette assertion mérite d'être vérifiée par de nouvelles observations.

(2) On peut disposer une nopalerie en pièces comme une sucrerie, en faisant des plantations successives & annuelles : on s'assurera un revenu perpétuel & constant. Nous croyons qu'il seroit avantageux de planter une nopalerie au Mois de Novembre, dans la partie du nord de cette isle, pour pouvoir la semer en Mai, qui est le temps de la cessation des pluies.

n'eſt jamais complet comme dans les cottonne-
ries & les indigotteries , que les chenilles dévorent
en une nuit ou deux.

On a découvert trois ſortes de maladies auxquelles le nopal eſt ſujet ; aucunes ne ſont con-
tagieuſes , ou ne paſſent d'un plant de nopal à
l'autre ; 1°. la pourriture ou gangrène ; 2°. la
diſſolution ; 3°. la gomme : toutes ces maladies
ſont locales , & en retranchant les parties qui
ont ſouffert juſqu'au-delà du vif , on ſauve le
reſte de la plante , & on peut en profiter.

La pourriture ou gangrène ſe manifeſte du ſoir
au lendemain par une tache noire & ſphacéleuſe
ronde , à la ſurface des articles , plus ou moins
grande , plus ou moins profonde. Si l'on enlève
cette tache noire , la ſubſtance intérieure pourrit
quelquefois & la pourriture s'étend & corrompt
le reſte de l'article : quelquefois auſſi il s'y forme
un eſcarre naturellement , & la pourriture tombe
d'elle-même : mais il ne faut pas attendre l'événement ; il vaut mieux ſcarifier la partie malade
tout de ſuite , en enlevant juſqu'au-delà du vif
tout ce qui eſt corrompu , dût-on percer l'article
de part en part , ou en couper la plus grande
partie ; le vrai nopal du Mexique eſt ſurtout très-
ſujet à cette maladie.

La diſſolution eſt une décompoſition ſubite de
toute la ſubſtance intérieure de la plante , ſoit
qu'elle ſoit préparée dès long-temps , ou qu'elle
ſoit l'effet ſubit d'une cauſe momentanée , infini-

ment active. Un article ou une branche entière , quelquefois le tronc seul de la plante, d'un état de santé apparent où il étoit, passe en une heure de temps à la putréfaction. Vous aviez vu l'inftant d'auparavant la plante bien verdoyante & luisante , vous la voyez un inftant après d'un jaune fordide , l'éclat de l'écorce a difparu ; fondez-la avec une épingle , l'eau en coule en abondance ; tranchez-la avec un couteau, vous voyez tout le parenchyme pourri ; il n'eft pas d'autre remède que la fcarification jufqu'au-delà du vif ; tranchez impitoyablement , fi le tronc & les racines font affectés , enlevez le tout , changez la terre & remplacez ce plant par un autre. L'opuntia de Campêche eft particulièrement fujet à cette maladie. La gomme eft une troifième maladie des nopals ; elle fe manifefte ainfi ; la partie par où fe fait l'écoulement fe tuméfie , fe gonfle , fans que la fubftance ou la couleur foient altérées ; il fe forme une crevaffe d'un pouce de grandeur plus ou moins, une liqueur en découle, fe fige en larmes comme une gomme farineufe , opaque, jaune dans les nopals , blanche dans le nopal de Caftille. Ceux-ci font très-fujets à cette maladie , peut-être parce que les racines trop gourmandes de cette plante extrêmement vigoureufe prennent plus de fubftance que les articles n'en peuvent dépenfer , cette sève s'accumulant dans les utricules de la plante fait effort pour en fortir par des voies extraordinaires. On a remarqué, en suivant les canaux dans lesquels elle est amassée, que cette sève est blanchâtre comme du lait, épaisse & moins fluide que la sève, qui est ordinairement limpide & coulante. Est-ce cette sève corrompue? ou sont-ce des sucs mal digérés? Est-ce enfin une substance différente de la sève, un excès d'embonpoint de la plante, ou la corruption de ses fluides? Le remède est encore la scarification jusqu'au-delà du vif, c'est-à-dire des canaux où l'on distingue cette liqueur en substance laiteuse, épaisse & jaillissante des canaux.

C'est surtout aux pépinières d'un commençant que ces maladies sont funestes, elles retardent toujours ses progrès. Heureusement qu'elles sont rares, & dans les nopaleries elles ne portent jamais une atteinte sensible; on n'en parle que pour prévenir le cultivateur contre les allarmes qu'il pourroit concevoir en voyant sa pépinière attaquée.

Voilà quelles sont les maladies du nopal connues jusqu'à présent; on voit que l'on en parle moins pour en craindre les suites que pour enseigner à ne pas les craindre, en un mot, pour dire tout ce que l'on doit & ce que l'on peut dire des nopals; car quelles que soient ces maladies, jamais un plant n'en est attaqué dans toutes ses parties à la fois; un article ou deux tout au plus sont affectés. Si c'est au sommet de la tige on la jette bas, & le reste se portera bien & continuera de remplir sa destination; si c'est au milieu d'une branche ou d'un tronc, on les emporte de part & d'autre jusqu'au vif : les parties supérieures sont saines, on peut les replanter ; ce qui reste au bas repousse des bourgeons. Enfin, si c'est entre les racines & le tronc, on coupe le tronc, on arrache les racines, & comme alors on a lieu de suspecter la qualité de la terre, on la change en la jetant & mettant de l'autre en place ; on y replante les tiges supérieures du nopal, c'est le cas le plus extrême, le plus nuisible, & c'est heureusement celui qui arrive le plus rarement.

Les ennemis du nopal ne sont pas plus redoutables. Les torts qu'ils lui font ne sont jamais universels. Le premier est le rat, on l'a vu ronger les nopals jeunes ou vieux pendant l'extrémité de la disette, c'est-à-dire, au cœur de l'hiver, & cela n'est arrivé que deux fois, encore c'est dans une chambre où on avoit serré une caisse de nopal pour des expériences, & ce rat avoit sa portée dans un nid de cette chambre : on n'a pas vu ce dommage en plein champ ou en plein air ; les méthodes pour détruire cet ennemi sont trop communes, trop nombreuses pour que personne les ignore, & on en laisse le choix à qui croira avoir lieu de s'en plaindre ou de les redouter.

Le second ennemi dont les délits contre le nopal sont plus nombreux, plus fréquens & mieux constatés que ceux du rat, c'est le *bletta lucifuga* de Linneus, nommé le *ravet* dans les colonies : quand il se trouve dans les nopals, ce qui arrive rarement, car il préfère les maisons, les ruines, les débris des corps végétaux, & sur-tout des animaux, les vieilles haies ou mazures, où il y a toujours à paître pour cet insecte désolateur, qui s'accommode de tout ; il ronge les jeunes bourgeons des articles & laisse les adultes : si l'on n'avoit pas dans l'araignée chasseresse surnommée *venatoria* par *Linneus*, un ennemi actif, vigilant de nuit & de jour, & sur-tout avide à lui opposer avec succès (elle saisit le plus gros ravet & le dévore) ; si encore le dommage étoit fréquent & même considérable, on conseilleroit de mettre des jattes d'un orifice étroit, à demi remplies de syrop de sucre non aigri sous quelques nopals ; le ravet préféreroit le syrop, & y en eut-il mille sur un plant, tous y courroient & s'y noyeroient (1). Le troisième est plus nuisible que les deux précédens, c'est la larve d'une phalène que l'on n'a pas encore vu ; c'est une petite chenille jaune, transparente & sans poil, de la grosseur d'une plume de perdrix ; elle se place toujours environ au milieu du bourgeon de l'article naissant, à couvert d'une galerie de toile qu'elle file à mesure qu'elle paît la surface tendre du bourgeon, quand le bourgeon est

____

(1) On emploie ce moyen dans les colombiers, dans les poulailliers, & il réussit fort bien.

développé en articles. La larve creuse un trou à travers l'écorce & pénètre dans la substance charnue, qu'elle dévore, en conservant l'écorce comme les parois de son logement; une seule détruit la moitié d'un article, avant qu'il ait pu recevoir tout son accroissement; on la reconnoît à la toile qu'elle file toujours avant de pénétrer dans l'article, à la transparence de l'article, dont elle ne blesse pas l'épiderme; enfin, les excrémens en bouillie jaune répandus sur l'article la décèlent, & il ne faut pas négliger de la chercher soir & matin, & de l'écraser en la tirant de son repaire; dans une pépinière qui est en sève, elle se trouve très-communément sur tous les opuntia & les nopals (1); ce dernier ennemi est comme les précédens, moins dangereux pour une nopalerie, que pour une pépinière, mais il nuit plus à celle-ci qu'à aucune des autres dont il est fait mention ici.

Enfin, le quatrième ennemi du nopal est un *coccus*; ce n'est pas celui que *Linnæus* appelle *coccus hesperidum*, parce qu'il est infiniment plus grand que celui dont on parle, ni celui qu'il surnomme *coccus avenidum*, parce qu'il est encore plus grand, parce que son mâle n'a point d'ailes; parce que la larve dont se couvre la femelle est couleur de pourpre, celui que l'on a en vue est plus petit que les deux précédens, son mâle a des ailes, sa larve est jaune.

____

(1) Nous l'avons vue sur le péréschia ou patte de tortue.

On l'appellera donc coccus de l'opuntia, tant pour le diftinguer des deux autres, que parce qu'on ne l'a vu habiter nulle part que fur l'opuntia. On ne décrira ni la femelle ni le mâle par des caractères fpécifiques ; car le mâle eft prefqu'imperceptible à la vue fimple , mais feulement par des traits qui font fenfibles pour faire remarquer que c'eft un infecte & non une maladie de l'écorce de la plante, comme on pourroit le croire au premier coup-d'œil.

Les articles du nopal font donc quelquefois couverts de petits points jaunes, ces points s'augmentent en un mois de temps en forme orbiculée , dont le centre eft élevé en pointe noire comme les targes ou anciens boucliers ronds des troupes légères ; cette targe s'accroît jufqu'au diamètre d'un quart de ligne, & s'élève d'un douzième ; vous appercevez deffous une petite maffe informe de matière verte, il faut une bonne loupe pour voir que c'eft une femelle de coccus (1). Parmi le nombre infini de ces targes, vous appercevez de petits cilindres jaunes, longs d'une douzième de ligne, d'un diamètre proportionné: obfervez-les pendant un mois environ depuis leur naiffance, tous les matins au foleil levant ; au bout de ce temps vous verrez avec une bonne

____

(1) Il paroît que la maladie dont M. Thiery parle ici eft une gallinfecte. M. le Fevre des Hayes notre affocié en a obfervé dans certaines faifons fur plufieurs efpèces de raquettes.

loupe sortir de ce fourreau cilindrique un très-petit insecte couvert de deux ailes jaunâtres élevées ; on n'apperçoit rien de plus sans microscope : le cultivateur n'a pas besoin d'en savoir davantage. Le nombre de ces insectes sur une surface d'une demi ligne étonne l'imagination : on en a compté huit cent ; un article couvert de femelles a l'air d'être velouté comme une pomme grossière, jaunâtre ; l'écorce disparoît sous le nombre de ces insectes : on ne pourra jamais les méconnoître, quand on les verra dans une nopalerie ; sitôt qu'on les appercevra dans la moindre quantité, on prendra une éponge & de l'eau, on en frottera les articles fortement, pour écraser & faire tomber les targes & les cilindres, & ce qui est dedans & dessous ; on lave ensuite la plante avec une autre éponge, & de l'autre eau que l'on a dans une baie différente ; de cette manière, les progrès ne sont jamais grands & on s'épargne beaucoup d'ouvrage, immanquable si l'on négligeoit pendant un mois cette opération. Le nopal qui est attaqué de cet insecte, s'en trouve en deux mois de temps couvert depuis les racines jusqu'aux extrémités des tiges ; il en souffre tellement que l'écorce, d'un verd vif passe à un jaune pâle. Le second inconvénient de cet insecte c'est qu'il se répand tellement sur l'écorce de la plante, que les cochenilles n'y peuvent trouver place pour y insérer leur trompe, s'il y en a déja de fixées, elles languissent & périssent ; enfin, sans

avoir

avoir atteint leur grandeur ; cet insecte n'attaque jamais que quelques nopals ; mais n'y eut-il
que dix nopals sur mille qui en fussent attaqués,
on ne doit pas laisser que de les en purger radicalement, parce que l'on y perd la semaille , &
au moins quatre livres de cochenille sèche & six
mois de récolte, outre les nopals que la nourriture de ces hôtes incommodes & innombrables
épuise en deux mois de temps , au point de les
faire périr entièrement par la pourriture & la
chûte de tous les articles, les uns après les autres.

Que la crainte de cet ennemi n'épouvante pas
le cultivateur par l'aspect d'une nouvelle surcharge
d'ouvrage. Pour peu qu'il y fasse attention , cet
insecte ne lui causera pas plus d'une matinée de
travail par mois, mais il doit savoir que toutes
les espèces de nopals & d'opuntia sont sujets à
cette incommodité.

Les accidens des nopals sont leur renversement
ou déracinement qui arrive par les vents ou par
les pluies. Quand un nopal a été planté d'un
article trop petit ou trop foible , les premiers
articles qu'il pousse sont tous cylindriques : les
meilleurs ou les plus beaux sont spatulés. Sur
ces cylindres s'élèvent d'autres articles qui repren-
nent la forme de leur espèce : mais croissant
toujours de grandeur les uns sur les autres , jusqu'à ce qu'ils aient acquis celle qui leur est affec-
tée , le tronc reste foible. S'il survient un grand
vent , ils sont déracinés.

On remédie à ce malheur en replantant les plus grands articles du nopal renversé. Pour l'éviter il faut s'astreindre scrupuleusement à planter comme il a été prescrit.

Quoiqu'un nopal ait été planté dans toutes les règles, s'il survient une pluie d'avalasse telles que celles si fréquentes en Amérique pendant l'été, la terre est bientôt détrempée en bouillie à un pied de profondeur ; alors si ces nopals n'ont pas encore poussé un puissant pivot & des racines horisontales qui les attachent comme autant de cables, si leurs tiges sont trop diffuses, les vents furieux qui accompagnent ces pluies les renversent promptement ; cela arrive plus fréquemment sur les revers des côteaux que sur les surfaces plattes. Ce malheur est très-rare : le remède est simple, gardez-vous de le replanter ; mais à l'instant que l'orage cesse, prenez deux pieux dépouillés de leur écorce, d'un pied & demi plus grands que les nopals renversés : pendant qu'un nègre soutiendra le nopal redressé, engagez dans ses branches la tête d'un des pieux, écartez sa pointe des racines, & enfoncez-le d'un pied & demi en terre : faites-en de même de l'autre côté de la plante. Au bout de six mois ce nopal est plus solidement enraciné qu'aucun autre, & on peut lui ôter ces tuteurs.

La grêle est rare en Amérique. Depuis cinq ans on n'en a vu tomber dans la plaine qu'une seule fois, le 15 mai 1778; (1) elle étoit de la grosseur d'une piastre. Cela nuit sans contredit aux jeunes articles, mais il n'y a rien à y faire que de jeter bas les jeunes articles qui auront été blessés : le dommage que cela peut causer est de retarder quelquefois les progrès de la plante de moitié du produit d'une demi sève.

---

(1) Nous avons eu dans le même temps au cap un semblable phénomène.

TRAITÉ
De la culture du Nopal & de l'éducation de la Cochenille.

SECONDE PARTIE.
LIVRE SECOND.

DE L'ÉDUCATION
De la Cochenille.

PREMIÈRE SECTION.

CHAPITRE Ier.

Des coccus.

Suivant *Lampride*, *Martial* & *Pline* l'ancien, le mot *coccus* signifioit la couleur rouge que nous appelons écarlatte, & la graine selon eux dont on tiroit cette couleur. Il paroît démontré par plusieurs passages de Pline, que ce naturaliste croyoit avec le vulgaire, que le coccus que l'on tiroit de la Galatie & des Gaules, le plus précieux de tous, celui d'Espagne, d'Afrique, de Gnide & enfin celui de Sardaigne, le moins eftimé entr'eux étoit un grain, fruit d'un arbre : *coccum*, dit-il, *Galatiæ rubrum granum*, *ut dicamus in terreftribus*, &c. chap. XLI. *de tingendis ametheis*, lib. 9. *omnes tamen has ejus dotes ilex folo provocat cocco granum. Hoc primoque ceu fcapus fruticis parvæ aquifoliæ ilicis*, chap. VIII. *de cachrye & cocco grano*, lib. 16 ; ailleurs, il prefcrit le coccus de Gnide, qui a la même couleur que le coccus ordinaire, & a un goût brûlant comme le poivre, contre le cours de ventre & le poifon de la ciguë. On l'adminiftroit dans le pain afin qu'il ne brûlât point la bouche en le mangeant. On n'a vu nulle part qu'il ait parlé du coccus comme d'une fubftance animale (1) ; le Pline fuédois qui a plus vu & mieux vu, Linnæus, dans fon fyftême de la nature, s'élève jufqu'au plus haut des cieux, jette de-là le coup-d'œil perçant & rapide de l'aigle fur les trois règnes, embraffe l'univerfalité des êtres connus jufqu'à préfent, en pénètre les miftères, les révèle à l'univers, & trace avec un burin également grave, concis & inéfaçable le caractère propre de chaque genre dans les vraies limites que le

---

(1) Voyez dans le chapitre IV du livre 24 de l'hiftoire naturelle de Pline : il dit en parlant *du coccus* du chêne, *eft autem genus ex eo in Attica fere & Afia nafcens celerrime in vermiculum fe mutans quod ideò fcolecion vocant*. On voit que *Pline* n'étoit pas fort éloigné de la vérité ; mais les plus petites diftances dans le chemin de l'obfervation font fouvent difficiles à franchir.

Y iij

Créateur leur a affignées (1). Linnæus, auffi incapable que fon fiècle d'une erreur femblable, a retenu le nom de coccus, & s'eft fervi du même terme pour défigner cette famille d'infectes hémiptères, dont la tête n'eft qu'un point à la furface de la poitrine, dont l'abdomen eft terminé par de petites foies, & dont la femelle eft deftituée d'aîles, tandis que le mâle n'en a que deux élevées; vingt-deux efpèces d'infectes fe font vues tout de fuite rangées dans leur ordre par la définition générique qu'il en a donnée, & par un bonheur affez fingulier : dans leur nombre, fe trouve d'abord ce coccus pris par les anciens & par Pline lui-même pour une graine, une production végétale nommée après lui par le peuple *kermès*, *graine d'écarlatte* : c'eft le *coccus ilicis*, c'eft-à-dire le *coccus delyenfe* ou du chêne vert, enfuite le coccus de Pologne, autre infecte qui habite fur les racines du *fceleranthus* (2) vivace, & donne une couleur pourpre; enfin le coccus du cacte *coccinellifère* qui eft la cochenille. Trois efpèces d'infectes du même genre, qui donnent les plus fuperbes couleurs depuis le cramoifi jufqu'à la couleur du feu, & que l'auteur des chofes femble avoir voulu relever aux yeux des hommes par ces qualités précieufes autant qu'il paroît les avoir

---

(1) Voyez l'éloge de M. Linnæus, dans les mémoires de la fociété royale de médecine.

(2) *Poligonum. Polonicum. Cocciferum.*

ravalées par l'extérieur fale, abject, informe &
imperceptible qu'il leur a donné.

Outre les vingt-deux efpèces dont on parle,
on en a trouvé, comme on le dit dans le premier
livre, une efpèce particulière aux cactes comprimés, furnommés opuntia ; il en eft d'autres
efpèces fur le *theobroma* (1) *guazuma*, fur le *mimofa*, *les caffia*, *fiftula alexandrina* & divers autres
arbres de l'Amérique inconnus en Europe. Les
colons de Saint-Domingue croiroient d'après le
père *Labat*, *Plumier*, *Nicolfon* & d'autres qu'ils
avoient la cochenille du Mexique ; mais cette opinion n'étoit qu'une préfomption fondée fur des
fauffes obfervations, car ces auteurs n'ont point
parlé de la cochenille, qu'ils n'avoient pas vue,
mais du *coccus aptère* qui fe trouve fur plufieurs
efpèces d'arbres.

Comment juftifier la pareffe & l'indiférence du
colon de Saint-Domingue ? Il étoit fortement per-
fuadé qu'il y avoit de la cochenille dans la colonie, il favoit le prix confidérable de cette
denrée, & il ne fe foucioit pas de fe l'approprier
par la culture ; il favoit qu'il y avoit de la cochenille, & il ne s'inquiétoit pas fi c'étoit de la
cochenille fine ou de la cochenille filveftre : s'il
étoit poffible de fe procurer la première en attendant de récolter la feconde. Enfin il croyoit voir
& montroit avec confiance le coccus inutile de

---

(1) Orme de St. Domingue.

fes arbres (1), comme la cochenille véritable ;
& il ne favoit pas que celle-ci ne pouvoit pas
même habiter ces arbres, & qu'au lieu de vivre
fur le guazuma, elle ne pouvoit vivre que fur
les opuntia ; enfin, il favoit qu'il avoit de la
cochenille, mais il ne favoit où elle étoit, & il
en parloit comme s'il l'eut fu.

CHAPITRE II.

De la cochenille en général.

LA cochenille eft-elle ainfi nommée de fa reffem-
blance avec la coccinelle, infecte coléoptère bien
différent des coccus, ou bien la coccinelle n'a-
t-elle elle-même été nommée ainfi par un dimi-
nutif très-apparent du mot *coccus*, que parce que
les contours de fa forme hémifphérique la font
reffembler, quoique très-imparfaitement, avec la
femelle du *coccus* ; ou enfin le nom de cochenille
n'a-t-il été donné au *coccus* des cactes coccinelli-
fères qu'à caufe d'une efpèce de coccinelle noire
qui habite fur le même cacte ? Cela eft affez

---

(1) Il eft rare que l'on tente des cultures nouvelles dans
un pays où les terres font dans la plus grande valeur : il n'eft
donc pas étonnant que le colon, riche par le produit de fes
habitations, n'ait regardé jufqu'à préfent l'infecte qu'on lui
avoit défigné pour être de la cochenille, que comme un
objet de curiofité.

vraisemblable, & en ce cas, cochenille équivaut à *coccus* du cacte qui porte la coccinelle. Ces étimologies paroiffent vaines ; mais comme dans l'ordre des connoiffances humaines, les idées font attachées aux mots, & qu'il eft bien moins de mots que d'idées de chofes, dans la langue d'un peuple inftruit, il eft bon de connoître les radicaux, parce qu'une idée étant liée à une autre, fert de fignal, en réveille ou même fait naître une troifième.

Il paroît que les naturaliftes n'ont connu jufqu'à préfent que la cochenille filveftre, puifqu'ils n'ont décrit que celle-là, tandis que les cultivateurs, les négocians, les teinturiers en connoiffent différentes fortes, & principalement la cochenille fine.

Les naturaliftes qui ont parlé de cet infecte auroient-ils regardé la cochenille fine comme une fimple variété de la filveftre? Mais cette variété a des différences fi nombreufes, fi intéreffantes, qu'on pouvoit en tenir un compte exact & la rapporter comme variété ; c'eft ce dont on fera convaincu.

N'y auroit-il que la cochenille filveftre qui leur feroit parvenue vive en état d'être décrite? C'eft ce qui paroit vraifemblable : mais en la voyant & la comparant avec la cochenille fine que l'on vend chez les droguiftes, comment ont-ils pu être contens de leur travail, ces deux denrées paroiffant fi différentes?

De quelque manière qu'il en foit, il faut voir
d'abord ce que c'eſt que la cochenille en géné-
ral. C'eſt un *coccus* qui habite le ca[cte coccinellifère, la femelle a le corps applati du côté
du ventre; elle eſt hémiſphérique par le dos,
qui eſt rayé par des rides tranſverſales, qui
aboutiſſent au ventre par une double marge dont
la ſupérieure eſt moins grande, toute la peau
eſt d'un brun ſombre. Sa bouche n'eſt qu'un
point ſubulé qui ſort du milieu du thorax, elle
a ſix petits pieds bruns (1) très-courts, & point
d'aîles. Le mâle a le corps alongé, d'une couleur rouge foncé, couvert de deux aîles horiſontalement abaiſſées & un peu croiſées ſur le
dos, il a deux petites antennes à la tête, moindre
d'un tiers que ſon corps, l'abdomen eſt terminé
par deux ſoies poſtiques, auſſi divergentes que
les antennes; il a également ſix pieds, mais plus
grands que ceux de la femelle, il n'a pas un
vol continu, mais il voltige en ſautant très-
rarement (2) : on appelle au Mexique la coche-

(1) Les pieds des jeunes cochenilles ont la même couleur
que leur corps, qui eſt d'un rouge clair : les pieds de
jeunes coccus font bruns.

(2) La deſcription que l'auteur a donnée eſt trop inſuffiſante
pour que nous ayons cru être diſpenſés d'en donner une
plus exacte : mais en ajoutant au travail de M. Thiery,
nous ne prétendons pas diminuer ſon mérite, & nous
croyons devoir produire l'excuſe qu'il nous fournit lui-même.
Juſqu'à préſent, dit-il, mes moyens ne m'ont pas permis
d'avoir un microſcope ; je n'ai obſervé qu'à l'œil nud. Ainſi

nille *grana* en espagnol. Ce nom lui est évidem-
ment continué de l'erreur originelle des anciens,
qui croyoient que cet insecte étoit un grain, la
production d'un végétal.

On récolte au Mexique deux sortes de cochenille, la fine & la silvestre ; on commencera
à parler de la silvestre, ensuite on traitera de la
fine, comme si c'étoient deux espèces très-dis-
tinctes, pour les mieux désigner aux cultivateurs, sauf à examiner ensuite si elles sont
réellement deux espèces séparées, ou si l'une
n'est qu'une variété de l'autre, & en ce dernier
cas, quelle est celle qui est l'espèce primitive
de la cochenille fine, ou enfin s'il y a d'autres
variétés de la cochenille silvestre.

C H A P I T R E III.

De la cochenille silvestre.

LA cochenille silvestre se nomme *grana silvestra*
au Mexique, nom purement espagnol : on n'a
pu savoir quel nom lui donnoient les Mexicains,
tant celui-là a prévalu chez l'Indien par l'usage :
c'est elle que l'on croit habiter naturellement le
nopal silvestre & le tunas au Mexique, & que

je ne dirai rien de la structure extérieure, ni de l'organisa-
tion interne de l'insecte déjà décrite par quelques auteurs.

nous avons vu fur les péreschia ou la patte de tortue à Saint-Domingue ; on les trouve également dans l'intérieur des terres & fur les côtes, dans les clairiers des forêts, fur le bord des chemins, ou dans les favannes sèches : on la cultive aussi dans les jardins au Mexique fur les vrais nopals non épineux. Le mâle & la femelle de cet insecte sont si différens d'eux - mêmes en différens périodes de leur vie, que pour en donner une notion précise & exacte, il faut, en les décrivant, les fuivre depuis leur naissance jusqu'à leur mort.

L'avortement ou le part ordinaire des mères cochenilles prouvent également que les petites filvestres sont toutes contenues dans le fein de la mère, chacune fous la forme d'œufs enchaînés par l'ombilic les uns après les autres à un placenta commun, comme un petit chapelet ou collier de grains.

Dans l'avortement le chapelet fort tout entier, & tous les œufs périssent avec la mère, excepté quelquefois les deux ou trois premières, qui éclosent; mais quand l'accouchement arrive au terme fixé par la nature, ce chapelet défile grain par grain, peu-à-peu : la mère paroît alors vivipare ; les petits venant au jour laissent fans doute au passage de la vulve l'enveloppe dans laquelle ils étoient contenus fous la forme d'œufs, & fortent fous la forme d'animaux vivans, parfaitement bien organisés; ils sont alors de la groffeur de la tête d'un camion ; le mâle est moins gros d'un tiers que la femelle ; il paroît plus alongé ; ses soies sont très - courtes & moins nombreuses que chez la femelle, qui en a douze paires sur la double marge qui termine le dos au ventre : l'œil nud ne peut pas les voir parfaitement ; il faut un microscope ou du moins une bonne loupe ; en cet état, ils restent sous le ventre de la mère, & sur le dos pendant deux ou trois jours; quelquefois ils sont suspendus sous l'abdomen, en forme d'une petite grappe de raisin pendant huit jours, surtout quand il y a des orages ou des pluies (1) ; ils se réchauffent à la chaleur de la mère, & vivent de sa substance, en attendant que l'ombilic desséché leur permette d'aller plus loin : enfin, soit que ce cordon soit desséché, ou que le petit pressé par la faim ait acquis la force de rompre ce lien, il court sans différer sur la plante : c'est la seule fois que les femelles marchent pendant tout le cours de leur vie, & c'est la première pour le mâle, qui ne marche une seconde fois qu'en sortant de son fourreau le jour de son accouplement avec la femelle. Arri-

---

(1) Il paroît que ces insectes restent en groupes sous le ventre de leur mère dans les temps de pluie & des orages, pour avoir un abri contre la violence du vent & de la pluie, qui les entraîneroit, plutôt que pour se réchauffer par la chaleur de la mère, qui doit être pour eux un agent imperceptible.

vés sur les articles du nopal dès le même jour ou le suivant au plus tard , ils se fixent sur les revers de l'article qui leur convient le mieux, & que l'instinct sans doute leur fait choisir plus sûrement ; ils préfèrent à tous les autres les articles des deux sèves précédentes , & négligent ceux de la présente ; on les voit surtout choisir préférablement à toute autre situation la page de l'article qui regarde l'*ouest sud-ouest*, pour éviter les coups de vents de *nord-est*, & surtout la force de la brise d'*est*, toujours également régulière & violente dans la vallée de Guaxaca, ouverte à l'orient , & resserrée au *nord* & au *sud* par deux chaînes de montagnes , de manière que quand la cochenille est parvenue à l'âge d'un mois , la nopalerie est à-peu-près nue d'insectes au levant & paroît verdoyante, tandis que du côté du couchant elle paroît toute blanche , & comme poudrée de fine fleur de farine ; mais les articles qui sont abrités à l'*est* sont toujours également chargés d'insectes sur chaque page, & la cochenille en est toujours plus grosse que celle exposée à l'est & à l'ouest.

Les jeunes cochenilles se fixent sur les articles du nopal, en y insérant leur bec dans l'écorce. Ce bec est-il un point simplement subulé, partant de la tête de l'animal , enfoncé dans sa poitrine ? Ou est-ce un corps tubuleux en forme de trompe ? C'est ce qu'on ne sait pas encore : ce dont on ne peut douter, c'est qu'il est de la longueur du diamètre du corps de la femelle; à quel âge que ce soit, moins gros que le fil du vers à soie; il se rompt avec le même bruit & le même effort; une fois rompu ou seulement détendu, la cochenille meurt sans qu'il lui soit possible de se rattacher par les pieds, & d'insérer de nouveau cette sorte de trompe dans la plante; c'est au moyen de cette trompe que la femelle en suce le suc gommeux, qu'elle rend ensuite par l'abdomen en excrément, sous la forme d'une petite boule vésiculaire, remplie de sérosité blanche, orangée, ou jaune, ou rouge, selon les différentes espèces ou variétés (1): elle a sur toute la surface du corps un coton ou soie infiniment fin & visqueux dont elle se couvre, & que ses mouvemens étendent tout autour d'elle, excepté sous le thorax: quant au mâle, à peine dégagé du cordon ombilical, a-t-il inséré une trompe moins grande sur la plante, on croiroit qu'il se forme un petit fourreau cotonneux & poudreux, d'un tissu très-fin, d'une forme cylindrique ou même conique, par le sommet duquel à l'aide de sa trompe il paroît suspendu à la plante, mais ce fourreau prétendu n'est que l'accroissement de la peau avec laquelle il est né, & dont il se dégage peu-à-peu; c'est une larve dans laquelle il passe, comme enveloppé dans un maillot, le temps de son enfance & de sa jeunesse, jusqu'à la parfaite

---

(1) Et suivant les différentes époques de son existence.

puberté, qui arrive trente jours après fa naiffance ; alors, fortant à reculons de ce mafque, qu'il dépouille entièrement, il paroît fous la forme d'une jolie petite mouche, couleur de feu très-foncé, tirant fur le pourpre, ayant de petites antennes moindres d'un tiers de longueur que le refte du corps, & deux foies poftiques à l'abdomen qui font auffi grandes que fon corps : il eft orné de deux petites aîles blanches abaiffées horifontalement, & fe croifant légèrement fur le dos ; c'eft dans cet atour nuptial, également galant par l'élégance de fa forme, & brillant par l'élégance de fa couleur, qu'il s'élance & voltige en fautant à la hauteur de fix pouces pour chercher fa femelle. Le choix ne paroît pas l'embarraffer beaucoup, il tourne autour d'une femelle, l'acofte, la flatte quelques inftans, à droite & à gauche, monte fur fon dos, l'attaque, & finit par lui marquer fa tendreffe à la manière de tous les oifeaux ; le mariage confommé, l'époux couronné des mirthes de l'amour, peut-être accablé fous leur poids, paffe de l'excès de la volupté dans un repos éternel, le même jour, fouvent à la même heure. A combien de femelles le mâle peut-il fuffire ? c'eft ce qu'on ignore ; il vaudroit mieux demander combien faut-il de mâles à la femelle ? On la voit remplacer les morts par les vivans, non pas tous les jours, mais plufieurs fois entre le foleil levant & midi.

Huit jours après que la cochenille a inféré fa

trompe ,

trompe, & s'est fixée fur la plante, les foies
dont les marges de fon dos font bordées augmentent de grandeur, peut-être auffi en nombre,
car le dos en paroît auffi couvert; alors on
voit autant de petits flocons blancs qu'il y a
de femelles cochenilles, les uns font féparés des
autres, quelquefois une centaine font grouppés
enfemble; on n'y diftingue plus rien, finon que
ces flocons féparés en grouppe augmentent de
volume à proportion de l'âge des infectes; le
coton dont ils font couverts contracte une telle
adhérence à la plante, qu'en faifant effort pour
détacher la cochenille, une partie du coton dont
elle eft couverte refte fur la place.

Trente jours après fa naiffance, la femelle eft
en état d'être fécondée; elle a acquis pour lors
le tiers de fa grandeur ordinaire; l'approche du
mâle lui eft très-fenfible, on la voit s'émouvoir trois
ou quatre fois à fes premières careffes, après
quoi elle refte parfaitement immobile, & fe laiffe
impregner fort facilement; le temps de la gef-
tation eft encore de trente jours; dans les dix
premiers elle croît promptement, & atteint moitié de la grandeur d'un pois de jardin.

A moins qu'il n'y ait un retard occafionné
par quelqu'accidens, tel feroit le défaut du mâle
au jour nommé de la puberté des femelles,
les femelles font leur part la veille, le jour ou
le lendemain de la pleine lune. Si elles font nées

dans la nouvelle lune, elles mettent bas dans la seconde nouvelle lune suivante.

Le jour de l'accouchement, la femelle paie à la nature le même tribut que lui a payé le mâle, en mourant le jour de ses nôces ; ainsi la vie du mâle n'est que de trente jours, & celle de la femelle de soixante ; c'est-à-dire deux révolutions complettes de lune. Le mâle expire dans le sein des plaisirs, la femelle dont la vie est prolongée d'un mois périt dans la douleur : nouvelle preuve de la compensation universelle établie dans l'ordre phisique (1).

La cochenille mâle ou femelle après avoir inséré sa trompe dans la plante ne peut plus l'en retirer spontanément, quand elle veut fuir à l'approche de quelque ennemi qu'elle sent, tel par exemple que les teignes ou phalènes de structeurs. Sa trompe se distend, le poids de son corps entraîne alors ses pieds, qui tirés de leur place ne peuvent plus y rentrer, la cochenille demeure suspendue par sa trompe à la place où elle l'a insérée, se déssèche & périt dans un jour ou deux ; ou si cette trompe se rompt, l'extrémité reste dans la plante, l'insecte tombe & meurt encore plutôt. On voit par-là que passé l'instant de sa naissance, il n'est pas possible de transférer les cochenilles d'une plante à une autre ; & que si par exemple

---

(1) Cette induction ne nous paroît point appuyée sur des observations suffisantes pour être admise.

un nopal mouroit, tous les infectes doivent périr
également avec lui, quand la pourriture ou la
defliccation s'en emparent, moment auquel la
cochenille périt auffi & refte fur le fquelette de
la plante en fe defféchant avec lui.

S'il y avoit dans un jardin à cent pas l'un de
l'autre deux nopals fur l'un defquels on eut placé
des cochenilles filveftres fans en avoir mis fur
l'autre, il ne feroit pas étonnant, deux mois
ou même quelquefois quinze jours après d'en voir
fur le dernier, foit que l'infecte s'y foit porté
par l'inftinct, foit que le vent ou quelqu'autres
infectes l'y aient tranfporté (1). Ce fait eft confirmé
par tant d'expériences qu'il n'eft plus permis de
douter de fa vérité. C'eft par cette raifon & parce que cet infecte mêlé à la cochenille fine ruine
celle-ci, que l'on a prefcrit ci-deffus dans le chapitre VII du premier livre, d'établir la nopalerie
de cochenille fine au nord à cent perches de diftance de la cochenille filveftre, ou fi on ne peut
faire autrement, de les placer au vent à pareille
diftance.

La cochenille filveftre une fois pofée fur le
nopal s'y perpétueroit fans aucun autre foin, &
y multiplieroit jufqu'à fatiguer & épuifer la plante,
dont les articles pourriroient & tomberoient tous

____

(1) Les petites cochenilles peuvent non-feulement être tranfportées par le vent ou par quelques infectes comme les fourmis ;
mais elles peuvent paffer d'un pied de nopal à un autre par
les fils d'araignées, qui leur fervent de conducteurs.

les uns après les autres , si on n'avoit soin de la
recueillir chaques deux mois. Mille expériences
dans les champs & dans les jardins , les observations de culture & celles de la nature livrée
à elle-même prouvent ces faits ; quand même
après l'avoir recueillie on ne la semeroit pas de
nouveau , les premiers nouveaux nés des petits
s'échappent toujours en nombre suffisant pour y
perpétuer l'espèce , & il en resteroit encore suffisamment pour anéantir le nopal quatre mois
après , & en ce cas on n'obtiendroit pas , il est
vrai , une récolte suffisante deux mois après ,
mais on en auroit une abondante au bout de ces
quatre mois. L'art apprend à s'en procurer une
au bout de deux mois , & à mépriser celle dont
on auroit après quatre mois obligation à la simple
nature. En effet , la cochenille qu'elle accorde de
la sorte est toujours plus petite que celle que
l'on obtient par la semaille , parce que dans le
premier cas , les petits ne s'écartent guère de la
mère , se grouppent autour d'elle , se gênent
les uns les autres ; & ce qui est de pire , sont
obligés de se contenter d'une place épuisée de
substance par le long séjour de leur propre mère.
Cet épuisement est tel , que la place où une
cochenille mère a vécu pendant deux mois se cave
d'une ligne de profondeur , & du diamètre d'un
demi pouce ; l'impression qu'elle y laisse est jaune
& ressemble à celle d'une boule dure sur un
corps mol ; il en résulte la maladie & la ruine

de la plante en cette partie, la perte d'une génération ou récolte de petites cochenilles, & l'impossibilité d'une récolte suivante.

Pour obvier à la dégénération de l'insecte,
pour l'entretenir au contraire dans une belle qualité & même la perfectionner ; pour éviter la
ruine du plant, il faut toujours proportionner
la quantité qu'il peut porter, & compenser les
récoltes en semant chaque deux mois & récoltant
à pareils termes : mais il faut récolter radicalement, & nettoyer la plante du coton que l'insecte y laisse, en la frotant avec un linge mouillé
qui l'enlève (1). Par ce moyen on la purge aussi
des œufs & des chrisalides des insectes destructeurs qui peuvent s'être cachés dans le coton de
la cochenille. Par ce moyen aussi, la cochenille
semée étant de la meilleure qualité donne une
plus belle génération, & cette génération se
place à part sur les parties des plantes qui n'ont
pas été épuisées pendant que celles qui sont fati-
guées tempèrent leur vigueur.

Il faut tellement s'attacher à semer chaque
deux mois, qu'il vaudroit mieux perdre une récolte ou deux mois de temps que de laisser des
insectes sur la plante, qui pourroient quatre mois
après donner une ample récolte, parce que 1°.

____

(1) Il n'est pas nécessaire que le linge soit mouillé, on
peut sans cela enlever la partie cotonneuse, & la partie
colorante de quelques cochenilles écrasées qui attireroient
les fourmis.

le plant se reposeroit & se repareroit pendant
ces deux mois ; 2°. parce qu'au bout de ce temps,
en le semant, la récolte seroit toujours d'une
meilleure qualité & plus abondante que celle que
la nature seule pourroit accorder.

CHAPITRE IV.

De l'éducation de la cochenille silvestre.

IL seroit impossible, comme on l'a déjà apperçu
dans le traité de la culture du nopal, de récolter
la cochenille silvestre à bénéfice sur les opuntia
épineux dont il a été fait mention ; le plus
habile ouvrier n'en peut recueillir deux onces
deffléchées par jour, à cause de la difficulté de
la tirer d'entre les épines, & cependant le
même ouvrier peut en rendre trois livres sèches
par jour, quand il la récolte sur le nopal de
jardin. Il y a long-temps que l'Indien a compris cette vérité, puisqu'il a abandonné celle
qui croît naturellement sur les opuntia épineux,
pour la nourrir sur le vrai nopal de jardin ;
mais outre l'avantage qu'il acquiert de la recueillir facilement sans se blesser, & pour ainsi
dire à pleine main, il est certain que la cochenille silvestre s'est elle-même perfectionnée sur
le nopal par la multiplicité des récoltes des nouvelles semailles, & par la bonté même de la

plante fur laquelle elle perd beaucoup de la
quantité & de la tenacité de fon coton , &
devient conftamment plus groffe de moitié qu'on
ne la voit fur les opuntia épineux , dans les
bois & les campagnes (1) : on remarque qu'elle
eft toujours plus grouppée fur ces derniers que
fur le nopal des jardins , où elle fe répand
plus également , plus diftinctement , & trouve
plus de place propre à la nourrir ; peut-être
même ne fe fépare-t-elle ainfi que parce que
toutes les parties de l'article du nopal lui conviennent également , au lieu que fur les autres
opuntia , il y a des parties plus avantagenfes
les unes que les autres ; c'eft dans ces endroits
où les cochenilles s'accumulent , & alors elles
fe preffent , fe gênent ; les plus fortes oppriment
les plus foibles : la moitié des infectes y refte
toujours chétive & miférable , fans que l'autre
moitié y gagne beaucoup : cela n'arrive pas fur
le nopal, ou chacune fe place à part pour vivre
commodément.

Il faut donc pour recueillir facilement beaucoup de cochenille filveftre , l'éduquer fur des

---

(1) Ce que l'auteur dit ici paroît contradictoire avec ce
qu'il a dit dans le chapitre précédent, que fi la cochenille
filveftre gagnoit une nopalerie dans laquelle on cultive la
cochenille fine , elle détruifoit cette dernière. Il femble que fi
la cochenille filveftre eft fufceptible d'être affimilée à la
cochenille fine par la culture , fa communication devroit
accélérer fon perfectionnement & ne pas être une caufe de
deftruction pour la cochenille fine.

opuntia moins épineux que ceux sur lesquels on les trouve dans les bois & les campagnes. Il faut donc pour recueillir la plus belle cochenille silvestre qu'il soit possible, la semer six fois l'année pour en faire autant de récoltes (1), parce que l'insecte se répand bien mieux, & se sépare plus nécessairement quand il est semé, que quand il naît naturellement sur la plante ou au voisinage de sa mère : quand le nopal sera multiplié dans les isles françoises, au point de fournir à la nourriture de la cochenille fine & de la cochenille silvestre, il faudra abandonner toute autre sorte d'opuntia, & ne la semer que sur le nopal : en attendant que ce moment de richesse pour les colons & la métropole soit arrivé, on pourra la semer & l'éduquer sur les opuntia de Campêche, & sur la raquette espagnole.

D'après ce que l'on vient de dire, le colon des isles françoises de l'Amérique paroît excusable d'avoir négligé de s'instruire sur l'origine & l'espèce de la cochenille qu'il possédoit, & sur la manière d'en tirer parti ; car ne connoissant pas la plante qui convenoit à la cochenille, ni les procédés de culture, la mauvaise qualité & la petite quantité de cochenille qu'il auroit tirée d'entre les épines de la patte de

____

(1) L'auteur paroît avoir oublié que cela est subordonné à la constitution des saisons. Voyez le chapitre.

tortue ou péreschia, auroient été insuffisantes pour l'indemniser de ses travaux, & n'y trouvant nul bénéfice il eut abandonné cette branche de culture & de commerce, & il se fut peut-être établi contre cette culture un préjugé qui auroit nui aux avantages certains que des instructions subséquentes pouvoient procurer. Il falloit donc pour tirer avantage de cette richesse indigène que l'on possédoit, que des expériences & des observations pussent en indiquer les moyens, & il falloit enfin le courage d'aller étudier chez l'étranger l'origine & l'éducation de la cochenille silvestre, & quand on n'en eut pas rapporté la cochenille fine comme on l'a fait, quand tout le fruit du voyage se fût réduit à savoir faire de la cochenille silvestre dans les colonies françoises, on croit que l'objet de ce voyage eut été assez important, & qu'il n'eut pas été inutile de le faire & de l'avoir fait.

CHAPITRE V.

De la manière de semer la cochenille silvestre.

On dit semer en l'air, semer une plante, mais on ne dit pas semer un insecte : il est évident que cette expression tient encore de l'erreur où l'on étoit anciennement que la cochenille étoit une graine ; mais quoiqu'elle soit vicieuse, comme elle est usitée chez l'Indien & l'Espagnol, & que l'on ne pourroit la remplacer que par une périphrase qui jetteroit de la gêne dans le discours, on la gardera : il suffit de prévenir que semer de la cochenille, c'est poser des mères dans des nids, afin qu'en plaçant ces nids sur un nopal, leur génération se répande, se fixe & s'accroisse sur cette plante.

Dix-huit mois après que la nopalerie a été plantée, comme on l'a enseigné dans le livre précédent, elle est en état de nourrir & d'éduquer la cochenille silvestre ; on peut la semer à coup sûr dans l'espérance d'une récolte immanquable ; mais on ne peut guère semer qu'en Octobre & Novembre (1).

Afin que l'âge des nopals coincide au moment de la saison la plus favorable de semer la cochenille, il faut que la nopalerie ait été plantée au mois d'Avril ou de Mai de l'année précédente ; par ce moyen elle se trouvera en état d'être semée dix-huit mois après, dans le moment le plus favorable ; car les récoltes d'hiver comme on le dira ci-après sont les plus avantageuses ; & si on plantoit une nopalerie en Octobre ou Novembre, l'année suivante la nopalerie à ce terme n'auroit qu'une année d'âge, il faudroit attendre jus-

____

(1) Cette saison ne seroit pas la plus favorable au Cap, parce que c'est celle dans laquelle les pluies du nord commencent à paroître. L'auteur écrivoit au Port-au-Prince.

qu'au mois d'Avril suivant pour semer, saison moins favorable ; ou si on attendoit jusqu'au mois d'Octobre suivant, on perdroit six mois de récolte ; ainsi pour obvier à ces inconvéniens, il faut que la nopalerie soit plantée en Mai ou même en Avril.

Il faut autant qu'il est possible semer les cochenilles en pleine lune, & pour cet effet avoir soin de préparer, de deux pleines-lunes auparavant, des mères cochenilles en état de faire leurs petits à cette phase : on peut par un tour de main retarder la fécondation & l'accouchement des femelles de quelques jours, & par ce moyen, quand le moment de leur part s'est trop éloigné du temps des pleines lunes, l'y ramener insensiblement en deux ou trois générations. Le premier procédé consiste à ne prendre sur le nopal que les mères qui accouchent les dernières ; car comme il y a toujours des paresseuses qui éclosent huit jours après les autres, en semant celles-ci, & n'en prenant encore que les paresseuses de leur génération, on aura déjà gagné quinze jours, & ainsi de suite.

Le second procédé consiste à ôter après l'impregnation le soleil aux femelles, & même la chaleur ordinaire, ce qui se fait en les semant sur des nopals plantés en caisse, que l'on tient alors dans une chambre fraîche sept ou huit jours après cet artifice.

Enfin, le troisième procédé c'est de tuer tous

les mâles qui feroient fur un nopal en caiffe, dans une chambre froide, avant leur puberté, & n'en donner d'autres aux femelles que huit jours après la leur; par ce moyen on ramène fans fe gêner toutes les femelles à faire leur part dans les premiers jours de la pleine lune.

On sème les cochenilles filveftres dans des nids faits exprès. La matière de ces nids eft le pétiole des feuilles de palmier, cocos, dit cocotier; les jeunes palmiers ne fe dépouillent de ce que le vulgaire appelle leur feuille, que long-temps après que cette feuille eft defféchée, le pétiole de cette feuille, ou pour s'exprimer comme le vulgaire, la queue de cette feuille eft *amplexicante*, ou embraffe la tige du palmier: tant qu'il eft vert, il eft dur, luifant, inflexible, ligneux, mais quand il eft fec, la pluie le pourrit & confume le parenchime, l'épiderme, & détruit toutes les parties; alors on ne voit plus qu'un triple tiffu de fibres plus ou moins groffes, d'une couleur rouffe, reffemblant à de la filaffe, croifées en fens oppofés les unes fur les autres; chaque queue de feuille de palmifte peut donner une furface de deux pieds en quarré; on la découpe en petits quarrés de deux pouces chacun, on en tire les plus groffes fibres ou nervures qui font les plus inflexibles, cela forme une étoffe claire & cependant épaiffe pour faire les nids des cochenilles : quand cette étoffe eft encore trop verte ou trop inflexible, on la fait macérer dans l'eau pendant

sept ou huit jours, après quoi on la sèche &
on la bat, jusqu'à ce que sans être désassemblées
les fibres ayent l'air d'une bourse, & pour lors
on l'emploie.

Tout l'artifice de ces nids se réduit à prendre
chaque morceau quarré de cette étoffe décou-
pée; on en rassemble les quatre angles, on les
lie fortement; cela forme une petite poche où
l'on voit des ouvertures, par lesquelles on met
les mères cochenilles, & qui permettent aux
petits de sortir : ces nids peuvent servir cinquante
fois , en ayant la précaution de les nettoyer
avant de s'en servir, chaque fois, & de les jeter
dans de l'eau bouillante pour tuer les insectes
nuisibles , ou les œufs qui pourroient s'y être
logés & y être restés, les sécher ensuite & les
renouer.

Plus l'étoffe de ces nids sans être trop claire,
ou serrée, ou inflexible, a d'épaisseur, meilleure
elle est; quand elle est trop mince il faut en
mettre deux ou trois doubles; la raison de cela
est, que la trop grande chaleur du soleil peut
faire avorter les mères qui sont dedans, ce qui
perd beaucoup de petits : quand l'étoffe est bien
épaisse, & cependant lâche, claire & flexible ,
en même temps qu'elle résiste au soleil par son
épaisseur, elle admet le courant de l'air, qui en
tempère l'ardeur, elle divise aussi la pluie, qui
par ce moyen ne peut nuire ni aux petits ni à

la mère : on ne connoît pas de meilleure matière pour cet effet (1).

On doit femer dès le grand matin au premier point du jour, par ce moyen les petits qui font déjà éclos, fous le fein ou fur le dos des mères que l'on cueille pour femer, ne font point perdus, & font les premiers à peupler; comme ordinairement ce font les plus forts, ils donnent de meilleures générations ; pour cet effet donc, il faut avoir des nids préparés dès la veille, & n'avoir qu'à mettre les mères dedans : le jour que l'on sème, on prend les mères qui accouchent (ce qu'on apperçoit à un ou deux petits, qui font pendans à leur abdomen), & celles qui font les plus prêtes d'accoucher, ce dont on juge par leur extrême groffeur; on en met quatre, huit, douze, feize : 1°. felon la quantité des nids que l'on doit placer : 2°. felon la fécondité des mères: 3°. felon la quantité des mères, dont on peut difpofer : 4°. felon le nombre des nopals ou des articles de nopals que l'on a à femer : ainfi un nopal qui ne feroit compofé que de deux articles ne peut comporter que deux ou quatre mères au

---

(1) Comme il ne faut pas que le cultivateur foit embarraffé à faire des nids, par la difficulté ou par l'impoffibilité de fe procurer des pétioles de palmier coco, il eft bon de le prévenir qu'il peut employer pour faire ces nids une étoffe de paille ou de fil, d'un tiffu lâche, & qui permette aux petites cochenilles de s'échapper pour fe répandre fur le nopal.

plus, pour n'être pas fatigué par leur trop nombreuse génération : on peut se servir de ce principe pour proportion dans les semailles ; & par
conséquent, un nopal qui seroit composé de
cent articles (il y en a qui en ont cent cinquante)
peut comporter deux ou trois ou quatre cent
mères au plus, distribuées par quatre en cent
nids, ou par huit en cinquante nids, ou par
seize en vingt-cinq nids ; de manière qu'un nid
de seize soit placé à l'aisselle d'une branche de
huit articles, & un nid de huit à une branche
composée au moins de quatre articles, & un nid
de quatre sous une branche de deux articles. On
croit qu'il ne faut pas trop multiplier les nids,
ni trop diminuer le nombre des mères mises en
nids, & cependant repartir les nids le plus également possible ; ainsi on croit qu'il vaut mieux
faire les nids de huit mères, afin que le nombre
des nids étant plus grand, l'insecte soit mieux
distribué, & ne les pas faire d'une moindre quantité, afin que le travail de la semaille soit moins
minutieux, & marche plus rapidement. Les Indiens n'y mettent pas tant de finesse, mais ce
ne seroit pas avoir une grande somme d'intelligence & de prévoyance, que de n'en avoir qu'autant qu'eux : quelqu'ancien & perfectionné que
soit leur art, la routine & la paresse ont probablement introduit des abus dans leur culture, &
c'en est un grand de perdre des mères cochenilles par l'inutilité de leur génération, trop group-

pée & amoncelée à l'excès, ce qui arrive toujours quand le nid est trop gros, parce que les petits se suivent à la trace & s'établissent trop près les uns des autres.

On doit préférer & choisir les cochenilles mères les plus grosses à toutes autres pour les mettre dans les nids ; l'expérience prouve que les petits sont plus forts, & la récolte plus ample & plus certaine.

Quand on a mis le nombre suffisant des mères dans un nid, quand on a rempli un nombre de nids suffisans pour la semaille du jour, il faut promptement placer ces nids avant le lever du soleil s'il est possible ; on place inébranlablement le nid à l'aisselle des branches, en l'insérant de force entr'elles, ou en l'y fixant avec une ou deux épines dont l'une attache les angles rassemblés du nid à l'autre, un côté de ce nid, qui par ce moyen a une situation inclinée sur les articles des nopals. L'extérieur du fond du nid doit toujours être exposé au soleil, dont la chaleur modérée excite les jeunes cochenilles à quitter le nid. Par cette raison on doit avoir un soin tout particulier de placer les nids sur la face du nopal qui regarde l'orient, & prendre garde que ces nids ne soient abrités par aucun article qui leur dérobe les premières faveurs du soleil levant.

On placera les nids à commencer à un pied & demi de terre à la naissance de toutes les
branches,

branches, en montant toujours & finissant à l'article penultième ou même antépénultième de chaque branche ; si les aisselles des branches ne sont pas commodes pour asseoir les nids, il vaut mieux les fixer avec des épines sur une face d'article (1).

Cela fait, la cochenille est semée : on conçoit qu'il faut s'il est possible qu'une nopalerie soit semée en un jour ou deux, ou même trois au plus, afin que la récolte se puisse faire simultanément ; cela diminue la répétition des opérations, car il faut savoir qu'il n'en coûte pas plus de temps & de soins pour préparer & sécher cent livres de cochenilles, que pour une seule.

Le coton dont la cochenille silvestre est entouré lui fait braver en plein air dans la campagne les orages. S'il en périt quelques-unes, il en reste toujours assez non-seulement pour la perpétuer, mais même pour la recueillir : ainsi non-seulement on la semera pendant tout l'hiver, ou la saison des secs, mais aussi pendant l'été, c'est-à-dire, la saison des pluies ; les récoltes seront moins abondantes, on doit s'y attendre ; mais elles seront assez avantageuses pour mériter d'être faites.

____

(1) Ce procédé a l'inconvénient de produire la gomme, qui suivant notre auteur est une maladie. Voyez dans notre journal le procédé que l'on peut substituer.

Le coton dont la cochenille filveſtre eſt entouré la met en état de braver également l'extrême ardeur du ſoleil ; on ne s'eſt jamais apperçu qu'il ait nui à la cochenille filveſtre qui croît ſpontanément, & qui réuſſit parfaitement au Port-au-Prince, ce qui fait préſumer qu'elle réuſſiroit encore mieux dans les autres parties de la colonie, où de l'aveu de tout le monde, la chaleur eſt bien plus tempérée.

CHAPITRE VI.

De la manière de recueillir la cochenille filveſtre.

LE jour de la récolte de la cochenille filveſtre eſt le véritable jour du triomphe de cette ſorte d'exploitation ; elle eſt au-deſſus de toutes les autres connues dans l'univers, on ne craint pas de l'avancer : pour s'en convaincre, que l'on jette les yeux ſur les récoltes les plus précieuſes & les plus intéreſſantes ; celles des grains, des raiſins, des olives, des cannes à ſucre, des indigots, des caffés, des rocoux, des tabacs, des chanvres, des lins, des légumes, des fourages, des fruits de toutes eſpèces ; que l'on ſe repréſente les travaux pénibles, durables, énormes, diſpendieux, enfin le temps que l'art & la nature ont employés à les préparer ; les fardeaux, l'embarras, l'encombrement de toutes ces récoltes, la précipitation avec laquelle on eſt forcé de les faire quelquefois pour n'en pas perdre la totalité ou partie : que l'on penſe aux opérations également pénibles , aux manipulations nombreuſes & délicates qu'exigent la plupart d'entr'elles, après qu'elles ont été ſéparées du ſein de la terre ; que l'on compare leurs produits, leurs prix avec celui de la cochenille (1) ſilveſtre , & la ſimplicité de l'opération par laquelle on la recueille & on la prépare à être gardée des ſiécles entiers , & l'on ſera forcé d'avouer qu'il n'eſt point de récolte ſi facile , ſi peu diſpendieuſe à préparer , à faire & à garder : on récolte cent livres de cochenilles le matin & le ſoir, on les vend ; voilà comme cela ſe fait.

Deux mois après que la cochenille a été ſemée, un mois après jour pour jour que l'on a vu les mâles accouplés avec les femelles , paſſer de la jouiſſance au néant, on voit ſortir quelques petites cochenilles du ſein de leurs mères ; voilà le moment de la récolte générale : ne le manquez pas, afin que les petites cochenilles ne ſe ſèment pas elles-mêmes, ce qui eſt en pure perte ; car en nettoyant les nopals on fait périr

––––––––––––––––––––––––––––––

(1) Il ſemble que l'auteur n'ait pas prévu que le prix de la cochenille baiſſeroit néceſſairement ſi la culture étoit adoptée dans les colonies françoiſes, par la raiſon que l'augmentation de quantité d'une denrée fait néceſſairement diminuer ſa valeur.

les jeunes cochenilles qui se sont répandues pré-
maturément.

Dès le matin à l'aube du jour on entre dans
la nopalerie ; on rassemble pour cela amis , pa-
rens, voisins, esclaves, toute la famille, femmes,
enfans, vieillards, ce doit être un jour de fête,
une partie de plaisir ; personne n'est de trop,
tout le monde est propre à cette cueillette légère,
chacun armé d'un plat, d'un panier ou même
d'un linceul attaché aux reins par les quatre coins,
d'un couteau long de six pouces, large de deux,
dont le tranchant émoussé & arrondi comme
celui d'un couteau de toilette ne puisse couper
ni inciser la plante ni l'insecte ; on passe la lame
du couteau, que l'on tient de la main droite,
entre l'écorce du nopal & les roses de cochenilles dont il est couvert ; elles tombent dans la
main gauche qui les place dans le linceul ; si on
a un plat, un bassin, un panier, on les présente
sous le couteau pour recevoir les cochenilles qu'il
détache. Un enfant de dix ans peut ainsi en récolter dix livres par jour, qui étant tuées &
desséchées, en produisent au moins trois livres
& demi marchandes ; il faut ramasser le moins
de terre & d'ordure qu'il est possible.

On travaille ainsi jusqu'à neuf heures du matin,
& à ce moment on tue la cochenille si l'on veut,
ou l'on travaille toute la journée, & l'on attend
à tuer au lendemain pour en avoir une plus grande
quantité. Soit que l'on tue en petite quantité ou

en grande, voici comme l'on doit s'y prendre.

Pour dix livres de cochenille cruë, ayez une baye ou un baquet de deux pieds de diamètre, & d'un pied de haut tout au plus ; étendez une serpillière ou torchon dedans, de manière que les coins sortent du baquet ; cela fait, étendez sur cette serpillière dix livres de cochenilles, ayant soin, comme elles sont ordinairement grouppées en roses, de diviser avec les doigts les plus gros grouppes, recouvrez-les d'un autre torchon ou serpillière que vous assujettirez dessus avec des petits cailloux, pour qu'on ne les soulève pas. Cela fait vous avez de l'eau bouillante toute prête que vous jetez dessus aussitôt, jusqu'à-ce qu'elle couvre entièrement la serpillière supérieure, vous laissez ainsi le tout pendant une, deux & trois minutes, cela ne peut nuire : il n'y a rien à craindre ; l'eau n'a pas le temps de dissoudre les insectes, s'ils ne sont broyés, & la chaleur ne peut les brûler, les calciner. Elle ne sert qu'à les tuer uniquement, elle n'en ôte même selon les apparences aucunes parties essentielles que le phlegme dont elle facilite l'évaporation, car il est prouvé par vingt expériences, qu'une cochenille tuée par une blessure quelconque sèche plus difficilement & plus lentement qu'une tuée à l'eau bouillante. On les retire de-là après avoir décanté ou écoulé l'eau (1).

____

(1) Cette eau est toujours plus ou moins colorée, & il

On les étend fort clairement fur une table, ou des planches, ou dans des baffins d'airain ou de fer-blanc, ce qui au foleil, à l'abri d'un vent violent, vaut beaucoup mieux. Elles sèchent dans la journée, en ayant foin de les retourner & remuer à la main à midi, afin d'expofer les parties humides au foleil. Pendant cette opération des ouvriers tuent de l'autre cochenille dans de l'eau bouillante que l'on prépare exprès, & continuent de même jufqu'à ce qu'il n'y ait plus rien à faire. On croit qu'il eft avantageux quand tout eft tué & defféché dans un jour de les expofer encore une fois le lendemain au foleil, afin de les defsécher plus parfaitement, & d'avoir l'efprit tranquille fur leur defficcation abfolue ; cela ne coûte rien, c'eft une chofe dont on peut fe paffer à la rigueur, mais que l'on doit pratiquer pour n'avoir rien à fe reprocher, ni craindre de l'humidité ou de la corruption (1).

Dix perfonnes peuvent ainfi en deux jours, préparer pour deux cent livres de cochenilles filveftres fans fe fatiguer.

S'il eft quelque manière avantageufe de tuer la cochenille filveftre, c'eft l'eau bouillante ; les plaques de fer chaud, ni le four, ne font ni fi

---

eft impoffible que cela foit autrement ; mais on ne doit pas apprécier les petites pertes inévitables dans une manufacture en grand.

(1) L'auteur ne paroît pas prévoir les variations du temps qui peuvent apporter des contrariétés dans ces opérations.

commodes, ni si certains, & sont bien plus dangereux, parce que leur chaleur ne pouvant pénétrer promptement partout à la fois, il est à craindre que les cochenilles les plus à découvert ne se calcinent, tandis que celles qui sont en grumeaux ne peuvent même encore recevoir la chaleur suffisante pour les étouffer ou les tuer.

On croit que la méthode indiquée est la seule praticable pour préparer la cochenille silvestre ; on n'en a pas vu pratiquer d'autres pour la cochenille fine, & cependant celle-ci est bien plus propre à les souffrir, parce qu'elle n'est jamais grumelée ; chaque insecte étant parfaitement isolé d'avec un autre, n'ayant aucun coton qui puisse lui donner d'adhérence, au lieu que les cochenilles silvestres recueillies sont toujours grouppées, par deux, trois, ou quatre & même vingt ou trente.

Quand la cochenille silvestre est tuée, desséchée, on peut la garder des siécles (1) dans des boëtes de cèdres, ou de pin marin, ou dans des fanéges de cuir de bœuf bien cousues. On la vend à Guaxaca même, toujours un tiers moins que la cochenille fine, dont elle suit le

____

(1) Il faut noter que quand cette graine n'a qu'un an, la teinture qu'elle rend est blaffarde, & quand elle en a quatre, elle a perdu sa vertu ; de sorte que pour l'avoir bonne, il ne la faut prendre ni jeune ni vieille. V. histoire naturelle de C. Plin., liv. IX, chap. LXI, traduction du Sieur Antoine du Piney.

prix en cette proportion. Si la cochenille fine vaut vingt - quatre réales qui font trois piaftres gourdes , c'eft - à - dire, trente-trois efcalins de nos colonies à quinze livres douze fols, argent de France , alors la cochenille filveftre vaut feize réales , ou deux piaftres gourdes de nos colonies, ou dix livres neuf fols argent de France.

Après que l'on a récolté la cochenille filveftre, il faut nettoyer foigneufement le nopal avec un linge que l'on trempe fouvent dans l'eau, pour en frotter affez fort les articles du nopal.

CHAPITRE VII.

*De l'utilité , de l'éducation , & récolte de la coche-
nille filveftre dans la colonie françoife de Saint-
Domingue.*

QUE l'on ne s'imagine pas que le prix de la cochenille filveftre , moindre que celui de la cochenille fine , foit une preuve de l'infériorité de fa couleur à celle de la cochenille fine. On feroit dans une erreur décourageante qui empê-
cheroit probablement de fe livrer à la culture de cette précieufe denrée. La cochenille filveftre ne difère de la cochenille fine que par le coton dont elle eft couverte ; cela augmente fon poids & abforbe une partie de la couleur ; il faut une plus grande quantité de cochenille filveftre que

de cochenille fine pour opérer le même effet,
& c'eſt ce qui néceſſairement & avec juſtice en
diminue le prix ; mais qui ſait à quel point de
ſureté de qualité, de perfection peut s'élever cette
production cultivée avec ſoin & intelligence ?
Qui ſait quel prix elle pourra acquérir ? Si le
roi d'Eſpagne réduit en ferme la vente de cette
denrée dans ſes poſſeſſions d'Amérique, comme
on en a le projet, qui ſait quelle ſera la valeur
de la cochenille ſilveſtre quand celle qui viendra
de nos poſſeſſions pourra ſuffire aux beſoins de
nos manufactures, & quand on pourra charger
impunément l'étranger des droits ſur l'importation
de cette denrée ?

Mais ſi la cochenille eſt abſolument néceſſaire
à la métropole, ſi l'exportation en eſt facile, ſi
le débit en eſt aſſuré, en un mot s'il y a du bénéfice à la cultiver ; enfin ſi la récolte en eſt certaine & aſſurée, toute autre conſidération doit
s'évanouir, & un homme ſenſé aimera autant
faire de la cochenille ſilveſtre que de la cochenille
fine.

Cette denrée eſt eſſentiellement utile & même
néceſſaire aux manufactures de la métropole ;
cela eſt prouvé par l'uſage des teinturiers, qui emploient la cochenille ſilveſtre au grand & bon teint,
& par le commerce que nos négocians en font.

Son exploitation eſt facile, on a pu s'en convaincre par l'expoſé que l'on a fait. Enfin il y
a du bénéfice à la récolter. Quelle miſe dehors

y a-t-il à faire pour les établissemens de cette culture ? aucune. Quelles terres peut-on y sacrifier ? les plus mauvaises, excepté les marécageuses. Quels nègres peut-on y employer ? les plus foibles, les infirmes, les vieillards, les femmes grosses, les enfans. Quels travaux grossiers y a-t-il à faire ? sercler au couteau les herbes de la nopalerie ; tout nègre est capable de cela. Quels travaux y a - t - il à faire quand les cochenilles mères font leur part ? les prendre, les mettre dans les nids, les attacher sur le nopal, voilà la cochenille semée ; la recueillir, la tuer dans l'eau bouillante, l'étendre au soleil pour la faire sécher, voilà tout le travail, & il n'a rien de pénible.

Chaque récolte on peut tirer cent livres de cochenille silvestre d'un carreau & demi de terre mise en nopalerie, cultivée par un nègre intelligent, qui aura au-dessous de lui trois ou quatre nègrillons ; on fait trois grandes récoltes pendant les secs, & trois foibles récoltes pendant les pluies. Supposé que le carreau & demi de terre ainsi cultivée ne donne que deux cent livres de cochenille sèche par an, c'est toujours deux mille livres ; qu'il n'en donne que cent livres, c'est un produit net de mille livres cours de France par an : un carreau & demi de bonne terre en sucrerie n'en produit pas plus & exige une toute autre mise dehors.

On doit ajouter que le nègre & ses nègrillons n'ont pas un mois d'ouvrage à faire dans la nopalerie pendant deux mois que la cochenille exige pour être récoltée ; les six autres mois retombent donc tout à profit au maître, qui peut les employer dans d'autres travaux (1).

Enfin, on peut regarder la culture de la cochenille silvestre comme très-avantageuse, parce que ses récoltes se font toute l'année, parce qu'elles sont toujours certaines, parce que le produit de ces récoltes supplée au défaut de la récolte de la cochenille fine ; la cochenille silvestre est donc pour le cultivateur une ressource, une indemnité ; elle l'est pareillement pour le consommateur, qui peut bien à la rigueur se passer de cochenille fine, mais il ne peut absolument se passer de cochenille silvestre.

Il n'y a que les plus pauvres Indiens au Mexique qui cultivent la cochenille silvestre, la cochenille fine est l'entreprise des plus riches : pourquoi les pauvres cultivent-ils la première ? C'est que sa culture exige moins de soins, & le produit est moins incertain ; ils ne font pas obligés d'acheter la semence de la cochenille, (on expliquera ce que cela veut dire, en traitant de la cochenille fine). Enfin les malheurs funestes qui ruinent la cochenille fine n'influent en rien ou

____

(1) Nous croyons qu'il est essentiel qu'un atelier soit occupé dans une nopalerie pendant toute l'année, comme dans les autres manufactures. Cela dépend de la disposition de ses plantations & de l'étendue de terre que l'on aura à cultiver.

que très-peu fur la cochenille filveftre : le riche
Indien perd beaucoup dans ces malheurs, il peut
perdre ; le pauvre ne perd rien du tout, il n'a
rien à perdre : voilà pourquoi il ne s'expofe pas
aux mêmes rifques (1).

Les récoltes de la cochenille filveftre font affurées dans la colonie françoife de Saint - Domingue. 1°. Parce qu'en tout temps on y trouve la
cochenille filveftre, qui habite naturellement &
fe multiplie fur les pérefchia, ou pattes de tortue ; il n'eft peut-être aucune partie de l'isle
où il n'y en ait. 2°. Parce qu'en lui donnant pour
nourriture une plante infiniment plus avantageufe pour la développer, la multiplier & la
perfectionner, on acquiert une certitude de plus
d'une récolte avantageufe. 3°. Parce qu'il eft
autant de degrés de température d'air à Saint-
Domingue que de nombres, depuis vingt - cinq
jufqu'à neuf, en redefcendant jufqu'à la glace,
& que l'on a vu cet infecte habiter à Saint-Domingue des territoires où la chaleur eft habi-
tuellement de vingt à vingt-cinq degrés à midi,
comme on l'a vu habiter au Mexique des territoires où la chaleur varie tous les jours depuis
neuf degrés à minuit pendant l'hiver, jufqu'à vingt
& vingt-cinq à midi ; enfin la récolte eft d'au-

---

(1) On voit par ce chapître, que M. J. n'eft pas le premier qui ait parlé des avantages de la culture de la cochenille filveftre.

tant plus assurée, que l'on en a fait l'expérience pendant trois ans : quiconque voudra la répéter sera en état de le faire , & suivant les règles prescrites dans ce traité.

La colonie se peuple de plus en plus d'habitans sans ressource, que l'indigence y amène de France dans l'espoir de s'y enrichir ; les grandes cultures ont envahi les meilleures terres, c'est-à-dire, celles qui sont arrosées ou arrosables ; le nombre des terres diminue, & celui des cultivateurs augmente : qui a-t-il de plus avantageux que de suppléer par l'industrie de cette nouvelle culture à la rareté des terres ? Elle en exige peu, elle peut être pratiquée sur les plus mauvaises : le nouvel arrivant de France n'a pas de capitaux pour entreprendre une autre culture, & il en faut, mais il n'en a pas besoin pour celle-là, un blanc délicat & d'une foible complexion ne peut bêcher la terre, la fouiller comme un nègre, mais la nopalerie une fois établie (1), le blanc n'a pas besoin de fouiller ni de bêcher, & il peut semer & recueillir sans fin de la cochenille silvestre sans s'épuiser de fatigue ; enfin tout homme pauvre, isolé, foible de constitution, sans capitaux, pourra faire de la cochenille silvestre, en mettant tout à la plus basse estimation,

---

(1) L'entretien d'une nopalerie n'est pas pénible , mais il l'est davantage de l'établir, & c'est ce que l'auteur paroît avoir oublié en cet endroit.

autant qu'il en faut pour le nourrir à mille écus de penſion, monnoie de la colonie, par an. Combien d'économes en gagnent bien moins, ſont des travaux plus rudes, & ſont chez autrui! L'homme robuſte accoutumé aux travaux de la campagne en France en pourra faire trois fois autant, mais peut-il ſonger à faire un pareil revenu avec ſes ſeuls bras, en ſucre, indigo, coton, café, cacao, ou tabac? S'il eſt quelqu'un qui connoiſſe la douceur de vivre des fruits de ſon travail manuel, de ne pas s'obérer de dettes, de ne contracter aucune obligation de reconnoiſſance dont tant de faux bienfaiteurs abuſent, enfin de ne pas expoſer de grands capitaux à de grandes révolutions; cet homme cultivera de la cochenille ſilveſtre & même de la fine s'il lui plaît, en ſuivant les règles que nous lui avons indiquées.

DE L'ÉDUCATION
De la Cochenille fine.

SECONDE SECTION.

CHAPITRE Ier.

De la cochenille fine.

La différence du prix de la cochenille fine, & de celui de la cochenille silvestre indique suffisamment quelle supériorité l'une de ces denrées a naturellement sur l'autre, & invite le cultivateur du nopal à préférer la cochenille fine, ou à l'éduquer avec autant de constance que la cochenille silvestre.

A terme semblable de naissance, d'accroissement, les individus de la cochenille fine sont toujours du double plus gros que ceux de la silvestre ; si celle-ci a plus de solidité dans les couleurs qu'elle donne, celle-là a plus d'éclat & de brillant : voilà de quoi conviennent les artistes qui l'emploient, voilà ce qui lui assurera constamment un usage universel, ce qui en procurera le débit, & encouragera sa culture.

De deux nopals de pareille grandeur, celui qui sera chargé de cochenille fine donnera toujours au moins un tiers plus de poids de cette denrée, que celui qui fera chargé de cochenille filveftre, parce que les cochenilles du premier font plus groffes, parce qu'il peut loger un plus grand nombre de cochenilles fines que l'autre de cochenilles filveftres.

La cochenille fine fe nomme au Mexique , par les Indiens & par les Efpagnols , *grana fina* , c'eft-à-dire graine fine. Elle fert dans la médecine , dans la teinture , & à la peinture , quand elle eft employée dans le carmin. C'eft avec elle que l'on compofe les couleurs les plus fines & les plus brillantes de la teinture , depuis le cramoifi jufqu'à la couleur de feu la plus vive : fon ufage, univerfellement répandu chez tous les peuples de la terre qui cultivent les arts, affure à cette production un débit qui varie peu dans le prix; & fi on réuffit à les éduquer dans les colonies françoifes , les colons doivent efpérer que la leur obtiendra de la patrie la préférence fur celle que l'on eft obligé d'acheter de l'étranger. Il a déjà été conftaté , par une expérience faite par M. *Macquer* (1), que celle du crû du Port-au-Prince ne cédoit en rien à celle du Mexique , & qu'elle étoit auffi parfaite : il refte à prouver par ce traité, & par des effais en grand, qu'il eft auffi facile & avantageux de la récolter à Saint-Domingue qu'au Mexique.

---

(1) Fameux chimifte françois.

La cochenille fine étant conformée & organisée de même, naissant de la même manière, croissant dans les mêmes périodes, & achevant son cours dans les mêmes termes que la cochenille silvestre, on n'en donneroit pas une description particulière, si des différences essentielles dans les mœurs, dans l'extérieur, n'obligeoient de la dépeindre aux lecteurs, qui, après avoir vu de la cochenille silvestre, ne sauroient à quoi s'en tenir au premier coup-d'œil, si en leur montrant la cochenille fine, ils n'en connoissoient pas les caractères spécifiques.

On ne voit la cochenille fine nulle part dans les campagnes & les forêts du Mexique; elle n'habite que les cazes & les jardins des Indiens qui la récoltent.

Les femelles cochenilles accouchent de la même manière que les cochenilles silvestres, deux mois après leur naissance, trente jours après leurs noces. Elles paroissent alors de la grosseur d'un petit pois de France, un peu alongées, le corps applati du côté du ventre & de l'abdomen, le dos convexe, rayé par des rides transversales, qui aboutissent au ventre par une double marge sur laquelle on voit douze petites soies dans les jeunes, qui disparoissent dans les adultes, auxquelles il n'en reste que quelques-unes à l'extrémité de l'abdomen. Elles semblent blanches au premier coup-d'œil, mais dépouillées de la poudre blanche qui les couvre, elles sont d'un brun très-foncé ; elles ont six petites pattes presqu'imperceptibles, enfoncées dans les rides de leur corps, ainsi que leur tête ou leur bec l'est dans la poitrine.

Les petits sont contenus dans le ventre de la mère, attachés comme les grains d'un chapelet à un placenta commun, sous la forme & l'enveloppe d'un œuf. Ils meurent pour l'ordinaire sous cette forme quand leur mère avorte, mais ils se dépouillent au passage de la vulve en naissant, & alors on les voit parfaitement bien organisés. Les femelles avec toutes leurs soies sont faciles à reconnoître ; le mâle qui en a moins, l'est également : la femelle est grosse comme une petite tête d'épingle, le mâle est moindre du double ; quelquefois ils restent deux ou trois jours avec la mère pendus à son abdomen, tous ensemble comme une petite grappe, ou épars sur son dos & sous son ventre, jusqu'à ce que pressés par la faim, ayant assez de force pour rompre le cordon ombilical, ils courent se placer sur les nopals. Quoique l'on eût dit dans un mémoire écrit sur cette matière, que les petites cochenilles ne passoient pas d'un nopal sur un autre, on a apperçu le contraire depuis ; cela arrive quand les branches de deux nopals se touchent, ou quand éloignées de deux ou trois pieds, elles sont liées par des fils de toile d'araignée. On a vu alors les petites cochenilles courir sur ces fils, chercher à se placer sur un autre plan que celui sur lequel

elles font nées ; elles fe fixent avec leurs pattes
& avec leur trompe, qu'elles insèrent dans l'écorce
dès le même jour, au plus tard le jour fuivant.
Leur trompe rompue ou diftendue, elles périffent
de même que la cochenille filveftre, & ne peuvent pas plus qu'elle être tranfportées avec fruit
de la plante où elles font déjà inférées, fur une
autre. Elles femblent mettre encore plus d'appli-
cation à choifir leur place fur les nopals : on les
voit éviter foigneufement l'afpect des articles à
l'*eft*, chercher les meilleurs abris pour fe fixer
fur la page tournée à l'*oueft-fud-oueft*, & éviter la
violence des vents de *nord* & de *nord-eft*, & fur-
tout la brife d'*eft* toujours plus forte que celle
d'*oueft*. Pendant ce temps la mère débarraffée de
fes petits périt promptement.

Dix jours après la naiffance, la femelle met bas
fa robe bordée & frangée de petites foies, &
paroît fe couvrir d'une poudre blanche très-fine,
& prefqu'impalpable au toucher : alors elle ref-
femble à ces grains de poudre échappés de la
houpe à poudrer du perruquier, & tombés par
terre. Les mâles font d'abord mêlés indiftincte-
ment avec les femelles, mais après dix jours,
ils fe forment un fourreau cilindrique, qui eft réellement une larve, dont ils fe défendent à mefure
qu'ils grandiffent, en reftant cachés jufqu'à leur
puberté, ainfi que les mâles de la cochenille
filveftre. Ce fourreau eft un cilindre à-peu-près
conique, couvert de poudre blanche : c'eft par

leur trompe qu'ils demeurent attachés & pendans
à la plante.

L'économie de la nature paroît avoir couvert
la cochenille fine de cette poudre blanche &
grasse, pour la préserver de l'humidité d'une petite
pluie ordinaire dont les gouttes roulent sur cette
poudre sans pouvoir mouiller l'insecte, comme
elle a armé la cochenille silvestre d'un coton
épais, également tenace & fin, contre les chocs
d'une pluie plus violente (1).

La grande différence extérieure entre la cochenille silvestre & la cochenille fine, qui paroissent
également blanches, c'est que le corps de la cochenille fine, malgré la poudre dont il est couvert,
s'apperçoit parfaitement bien, au lieu que l'on voit
à peine la silvestre qui est enveloppée de coton. La
cochenille silvestre est donc cotonneuse, & la
cochenille fine farineuse ou poudreuse, mais
toujours du double plus grosse que la silvestre.

Vingt ou vingt-cinq jours après sa naissance,
la femelle cochenille se dépouille encore de sa
robe en la tirant de l'abdomen ou thorax, con-
formité qu'elle a avec le mâle qui sort ainsi de
son fourreau : cela indique bien que l'un &
l'autre sont sous une larve. Ce second dépouil-
lement se fait toujours au péril de la vie de
l'insecte, soit que dans les mouvemens qu'il fait

____

(1) Ce n'est pas la raison la plus probable. Voyez ci-dessus
ce que nous avons dit dans une note sur ce sujet.

pour se débarrasser il rompe sa trompe, ou qu'il soit étouffé au passage du thorax par cette robe trop étroite; la femelle ainsi dépouillée paroît d'un brun clair, mais le jour suivant elle est déjà poudrée à blanc, & la place qu'elle occupe est tracée en cercle blanc du diamètre de deux lignes; trois ou quatre jours après elle est nubile, le mâle sort de son fourreau dans l'appareil nuptial décrit à l'article de la cochenille silvestre, le mâle de la cochenille fine est parfaitement semblable au mâle de la silvestre, il n'en diffère que par sa grosseur qui est double, il employe le même art & les mêmes caresses pour faire agréer ses feux, il les exprime de la même manière que l'amant champêtre, *amor omnibus idem*; il n'est pas plus tempérant que lui, aussi finit-il de même.

On voit par ce qui vient d'être dit du période dans lequel les cochenilles fines vivent & meurent, qu'il est égal à celui dans lequel les cochenilles silvestres remplissent leurs destinées, que la première a comme celle-ci six générations par an, & que l'on pourroit les recueillir pendant toute l'année, si les pluies trop violentes ne dérangeoient & n'exterminoient pas leur multiplication.

Ce seroit il semble ici le lieu d'examiner la question, si la cochenille fine est une espèce différente de la cochenille silvestre, ou si l'une n'est qu'une variété de l'autre, & quelle est

l'espèce primitive ? On a paru décider cette
question, en traitant d'abord de la cochenille
silvestre, & l'on pouvoit inférer de-là qu'on la
regarde comme l'espèce primitive, mais on ne
se hasardera pas de prononcer sur une question
si délicate : on se contentera de rapporter simplement des faits, qui observés fréquemment
pourroient mettre les naturalistes en état de
prononcer : on a vu plusieurs fois les mâles de
la cochenille fine s'unir aux femelles de la cochenille silvestre; on a trouvé, en fouillant plusieurs
fois aux racines des nopals à trois pouces de
terre, des grouppes de la cochenille silvestre;
(il étoit impossible que la fine s'y fût réfugiée
tant elle étoit éloignée sous le vent). Ces grouppes
s'étoient abrités dans les cavités des racines ;
elles étoient moins grosses que la cochenille
fine, mais elles l'étoient plus que la cochenille
silvestre, & ce qui est digne d'une attention
particulière, elles n'étoient point couvertes de
coton, ni de soies ; elles n'étoient pas non plus
poudreuses ou farineuses, mais elles ne paroif-
soient pas éloignées de l'être; on joindra à ces
faits la question suivante : si la cochenille fine
étoit l'espèce primitive, pourquoi n'existeroit-elle
pas ailleurs, indépendamment de la culture telle
ou à-peu-près qu'on la voit dans les jardins ? Y
a-t-il plusieurs variétés de cochenille ? C'est ce
que la diverse couleur de leurs excrémens permet
de soupçonner. Ceux de la cochenille du Mexi-

que sont bruns ; ceux de la cochenille de Saint-Domingue sont jaunes ; ces excrémens ont conservé cette couleur, quoique l'on ait placé successivement deux espèces de cochenille sur le même nopal : on n'a fait nulle expérience ultérieure sur les preuves qui sembloient rejeter ces faits, parce que des soins plus intéressans en ont empêché : ce sera dans la suite l'ouvrage du hasard & du loisir.

CHAPITRE II.

De l'éducation de la cochenille fine.

IL faut éduquer la cochenille fine uniquement sur le nopal de jardin du Mexique ; elle peut il est vrai s'entretenir & se perpétuer sur l'opuntia de Campêche, mais jamais elle ne s'y multipliera, non-seulement au point d'indemniser le cultivateur de ses peines par une récolte, mais même de pouvoir alimenter une nopalerie de mères cochenilles pour y semer. On ne doit la semer sur cet opuntia que quand les nopals manqueront absolument, ou en attendant qu'ils aient multiplié, après quoi il faut abandonner l'opuntia de Campêche, & ne semer que sur les nopals.

Si la cochenille fine est une variété de la cochenille silvestre, il est plus probable qu'elle ne s'est dépouillée de son coton, & n'est parvenue au degré de la grandeur qu'elle a, qu'à force d'avoir été semée, que par la nourriture du nopal, qu'elle a préféré à toutes les autres espèces, & que parce qu'elle a toujours été resserrée & nourrie à couvert pendant la saison des pluies ; il ne faut pas souvent le concours de tant de causes réunies pour opérer une variété dans le genre animal ou végétal ; une seule suffit quelquefois ; à plus forte raison trois ensemble également puissantes, dont chacune peut avoir produit la belle espèce de cochenille que l'on récolte au Mexique (1).

Si l'on doit cette belle cochenille à ces causes, il faut dans l'éducation de cet insecte les perpétuer, si l'on ne veut risquer en les négligeant de voir cette belle espèce de cochenille rentrer dans l'espèce commune, dont elle est sortie par art ou par hasard.

Il y aura donc trois choses à faire essentiellement dans la culture de la cochenille fine ; 1°. de la semer des plus belles & plus grosses mères cochenilles que l'on puisse avoir à chaque génération ; 2°. de ne la semer que sur les beaux & bons nopals ; 3°. de la retirer pendant la saison des pluies à couvert dans une case, ou dans le

---

(1) Nous avons comparé la cochenille silvestre qui nous a été envoyée du Môle sur le péréschia, avec celle que nous cultivons dans notre jardin, l'une & l'autre étoit également cotonneuse.

féminaire, & l'y multiplier jufqu'au retour de la
féchereffe, pour la femer en plein air.

Par une raifon qui eft la conféquence de la
fuppofition par laquelle on la regarde comme une
belle variété obtenue de la cochenille filveftre,
il faudra bien fe garder de lui permettre de la
communication avec cette mère groffière, chez
laquelle elle pourroit par les accouplemens
revenir au point dont l'art l'a faite fortir ;
c'eft fur cette raifon que l'on veut que dans
l'établiffement de deux nopaleries, on les éloigne de cent perches l'une de l'autre, en donnant l'avantage du vent à la cochenille fine. C'eft
afin que les filveftres qui fe répandent au loin,
ou en marchant ou à l'aide du vent, ne puiffent
revenir abatardir de nouveau la cochenille fine,
par des méfalliances également honteufes &
ruineufes.

On fe gardera bien d'imiter la bêtife & la
pareffe de quelques nègres du Mexique, que l'on
a vu femer la cochenille fine & la filveftre con-
fufément fur le même nopal, ce qui ne tend qu'à
faire dégénérer la cochenille fine, fans que pour
cela la filveftre en devienne plus belle. En effet,
comme les cochenilles filveftres font de quelques
jours plus précoces, & principalement toujours
beaucoup plus fécondes, & qu'elles habitent le
nopal toute l'année, les petites cochenilles fines
font toujours fuffoquées par l'innombrable quantité des filveftres, ou fi elles font plus fortes que

ces dernières, bientôt la filveftre étendant fon coton autour d'elles, les remue, les chaffe de leur place, ou les étouffe; mais à coup sûr, bien plus vorace que la fine, la filveftre lui enlève toute la nourriture, de manière que toujours maigre & chétive, fi elle ne pourrit pas auparavant, la cochenille fine fe trouve lors de l'accouchement de la filveftre au même point de grandeur où elle étoit huit jours après fa naiffance.

Dès que la cochenille filveftre a pénétré dans une nopalerie où l'on cultive la cochenille fine, elle y pullule, & l'on eft quelquefois deux mois entiers à la détruire. C'eft un poifon, une galle; vous avez bien vifité tout, en écrafant chaque petit flocon blanc que vous voyez paroître pendant quinze jours, vous croiriez être débarraffé de tout, & avoir détruit cet ennemi, mais quelques mères vous ont échappé en fe cachant fous les racines de vos plantes, & elles produifent une nouvelle génération qu'il faut recommencer à détruire : heureux encore fi vous parvenez à force de temps & de patience à vous en débarraffer tout à fait.

La cochenille fine fouffre également du trop & du défaut de chaleur; fi elle eft toujours moins groffe dans les plaines de Guaxaca que dans les montagnes, c'eft à la grande chaleur de la plaine qu'il faut l'attribuer ; à midi au mois de Mai, le thermomètre de Bourbon y montoit à vingt-cinq degrés au-deffus de la glace, chaleur égale à celle du Port-au-Prince, où quelquefois pourtant il s'élève à vingt-cinq degrés; il paroit juste d'inférer de-là, que la cochenille fine que l'on feroit au Port-au-Prince, feroit encore de quelque chofe plus petite que celle des plaines de Guaxaca.

Le grand froid lui porte une même atteinte, & la tue ou l'empêche de croître, en la fixant au terme où il l'a furprife; mais il eft plus facile d'y remédier qu'à l'exceffive chaleur; voici l'expédient dont les Indiens fe font avifés : ils ont toujours une grande provifion de crotin de chevaux ou de mulets bien fec; quand ils ont quelque raifon de croire que la nuit fuivante le froid fera defcendre le thermomètre à huit degrés au-deffus de la congélation, ils répandent ce crotin fec fous les nopals, & ils l'allument. Le feu doux qui en fort en fumée s'enflamme, échauffe très-lentement les nopals, dilate l'air, & diffipe l'humidité pendant la nuit, & le froid ne nuit point à la cochenille, qui au contraire s'en trouve mieux (1).

En prenant un nombre moyen auffi éloigné par fes extrêmes de la chaleur de vingt - cinq degrés que de celle de huit, on trouvera douze & vingt, & la température d'air, qui parcourra uniformément de minuit à midi ces huit degrés,

____

(1) Cette opération contribue fans doute à détruire les infectes, & ce n'eft pas un petit avantage.

sera sans contredit la température la plus propre à cultiver la cochenille. Cette température est commune dans beaucoup de territoires de la colonie de S. Domingue, joignez-y si vous pouvez un ciel constamment sec pendant six mois de l'hiver, & vous aurez le climat le plus favorable qu'il soit possible d'imaginer pour l'éducation de la cochenille fine.

On éduque en plein air au Mexique la cochenille fine, depuis le 15 du mois d'Octobre jusqu'au 15 du mois de Mars environ; on la sème trois fois & on la récolte trois fois pendant ce temps, la dernière récolte se fait quelquefois en Mai; s'il n'y pleuvoit pas pendant toute l'année, comme on prétend que cela est en Egypte, on y feroit six récoltes de cochenille fine. Enfin s'il étoit vrai, comme plusieurs colons l'assurent, qu'il y eut des cantons dans la colonie (1) où il ne plut que pendant trois mois dans tout le cours de l'année, on pourroit espérer d'y faire quatre récoltes de cochenilles fines, & on devroit établir principalement dans ces endroits.

On ne doit semer la cochenille fine que sur des nopals âgés de dix-huit mois au moins; ainsi pour semer en Octobre il faut qu'ils ayent été plantés au mois de Mai ou Avril de l'année pré-

___

(1) Le Môle, & surtout le Port-à-Piment, les plaines de la Désolée, aux Gonaïves, ne peuvent entretenir les grandes cultures de la colonie.

cédente, fans cela on fatigue inutilement la plante. Les récoltes ne font jamais fi abondantes, & même les fuivantes le font moins que les pre-mières (1).

Il faut avoir un foin particulier quand on sème un nopal qui vient d'être récolté, de ne pofer les nids que dans les parties qui n'ont pas nourri de cochenilles dans la dernière récolte, & fi toutes en avoient nourri également de manière que la plante parût fatiguée, il faudroit lui laiffer un mois de repos avant de la femer de nouveau : on a dit, & on ne craint point de tomber dans les répétitions en le redifant une feconde fois, qu'il faut avoir un foin particulier de tenir la nopale-rie propre, & de bien nettoyer le nopal chaque fois que l'on a récolté.

On ajoutera qu'il ne faut jamais laiffer une nopalerie de cochenille fine fe femer d'elle-même, les cochenilles dégénèrent de grandeur, & on s'expofe à n'avoir qu'une demi récolte, & à fati-guer exceffivement les articles, parce que les petits fuivant toujours les mères ne s'éloignent que peu de l'endroit où elles ont vécu, & où elles ont ouvert par la ponction de leurs trompes des fources de sèves que les petits fentent bien, puif-qu'ils s'aglomèrent tout autour, & par ce moyen épuifent les branches & les font périr avant la récolte.

____

(1) On plantera au contraire au Cap, en Octobre ou Novembre, pour pouvoir femer en Mars ou en Avril.

CHAPITRE III.

De la femaille de la cochenille fine.

AUSSITÔT que les pluies de l'automne auront ceffé, & que l'on pourra s'affurer qu'il n'y en a plus à craindre, cela arrive vers le 15 d'Octobre au Mexique, & au même temps à-peu-près au Port-au-Prince, on pourra femer la cochenille fine en plein air, en obfervant d'attendre pour cet effet la pleine lune, fi elle ne doit pas tarder, car s'il y avoit plus de huit jours à attendre, il ne faudroit pas perdre un temps fi précieux que celui de la féchereffe.

On prendra dans les femaines dont il eft queftion dans le chapitre fuivant, les plus groffes mères cochenilles, auxquelles on verra déjà quelques petits éclos; on en mettra huit dans chaque nid, fait de la même matière & de la même manière que ceux dont on fe fert pour femer la cochenille filveftre, & dès le point du jour on les placera fur les nopals, en mettant un nid pour les articles à l'aiffelle de chaque branche bien affujettie avec une épine, le fond du nid tourné au foleil levant, & une de fes ouvertures vers l'article fur lequel on l'affujettira, en obfervant de ne placer les nids à l'origine des branches qu'à un pied & demi de

terre, & qui ne foient abrités du foleil levant
par aucun autre article.

La femaille d'une nopalerie de cochenille
fine doit être finie en deux jours tout au plus,
afin que la récolte puiffe être faite, ainfi que
la defficcation, en auffi peu de temps ; c'eft pour
cette raifon que les nids doivent être toujours
faits trois jours auparavant, & les mères doivent être mifes dedans l'après-midi de la veille,
ou de grand matin le jour de la femaille.

On ignore fi l'on sème trois fois dans les
provinces de Guaxaca pendant l'hiver ; on eft
porté à croire que non. Les auteurs difent que
la feconde récolte eft toujours moindre de groffeur que la première ; & la troifième moindre
que la feconde ; ce qui prouve que la récolte
feconde n'eft que le fruit des premières petites
cochenilles nées & échappées lors de la récolte ;
mais ce que l'on a vu à Guaxaca prouve le
contraire. La belle nopalerie du nègre libre,
où l'on acheta la cochenille vive, étant en ce
moment à la veille de la troifième récolte, tous
les plants & tous les articles des plants étoient
uniformément chargés, à ne pouvoir toucher un
article fans écrafer les cochenilles de la plus
belle groffeur que l'on ait encore vue ; la groffeur & l'égalité de la répartition des cochenilles fur tous les plants & les articles prouvent
que cette nopalerie avoit été femée ; celle de
l'alcalde de Saint-Juan del Rey étoit dans le même

état ; ainsi on doit croire que l'on sème trois fois, & si l'on ne sème pas trois fois, la médiocrité de la deuxième & de la troisième récolte prouve que l'on doit semer trois fois, puisque, quand on laisse la cochenille fine se semer elle-même, elle donne de moindres récoltes.

Huit jours après la semaille de la cochenille, ou quinze jours au plus tard, il faut retirer de dessus tous les nopals semés les mères cochenilles qui sont dans les nids, emporter les épines, ne laisser rien sur le nopal ; la propreté & l'économie l'exigent : la propreté, parce qu'en laissant ces nids sur les plants, ils seroient un repaire pour les insectes destructeurs ; l'économie, parce que les mères cochenilles, pour avoir le sein creux, ne sont point à rejeter pour cela ; elles contiennent encore beaucoup de parties colorantes ; mais comme en sortant des nids elles ne sont pas sèches, quoiqu'elles soient mortes, il faut les passer à l'eau bouillante, comme il sera dit ci-après, pour les faire sécher promptement & les vendre avec la cochenille de récolte.

Trois ou quatre jours après la semaille, on voit ordinairement toutes les petites cochenilles placées & répandues sur toute la surface du nopal ; en huit jours de temps, on voit les nopals blanchir insensiblement, mais toutes les mères n'étant pas également prêtes à pondre, à moins qu'on ne les ait choisies du même âge,

&

& au même point, comme par exemple, quand on ne prend que celles à l'abdomen defquelles on voit des jeunes petites cochenilles : il arrive que les plus tardives n'ont pas encore pondu au bout de huit jours, il faut attendre alors, & ne pas enlever les nids que l'on ne foit bien affuré que tous les parts doivent être finis.

Il y a des femelles cochenilles qui n'ont pas encore été fécondées, & qui ne laiffent pas de parvenir à-peu-près à la même grandeur que les cochenilles mères; on attend alors en vain leur ponte, elles vivent plus long-temps fur les nopals que les mères cochenilles qui meurent après le part; elles vivent encore long-temps après qu'elles font féparées du nopal & trompent la vue, parce qu'on les croit mères; il faut donc pour ne pas y être trompé, ne prendre que des mères auxquelles on voit des petits, pour femer.

C'eft du moment où l'on voit les cochenilles éclorre, que foir & matin, ou du moins une fois par jour, le maître de la nopalerie doit jeter un coup-d'œil général fur les nopals, afin que s'il n'y a que quelques ennemis, il les détruife lui - même, & que s'il y en a beaucoup, il ordonne à l'inftant un travail pour les chercher; ces vifites doivent continuer jufqu'à la récolte, & s'il ne pouvoit les faire tous les jours, il doit du moins les faire chaque deux jours, cela ne doit point paroître gênant ni afferviffant; un propriétaire de fucrerie qui eft

C c

ſage, fait tous les jours le tour de ſon habitation, la viſite de ſes établiſſemens & bâtimens. La viſite que l'on conſeille au cultivateur du nopal, ne ſera pour lui qu'une promenade comme celle du ſucrier, c'eſt le devoir de l'état, c'eſt l'intérêt qui doit la preſcrire à l'un comme à l'autre.

Si on imitoit ſervilement l'Indien, le temps de la ſemaille étant toujours celui de la récolte, il arriveroit que ces deux travaux coincidant enſemble, pourroient jeter de la précipitation dans des opérations qui exigent de la tranquillité & de la réflexion, il en réſulteroit au moins de la perte de temps & des meilleurs inſectes nouveaux nés, parce qu'avant de récolter, on ſeroit obligé de ſemer, puiſque ſans cela les premières cochenilles faiſant leur part ſe ſèmeroient elles-mêmes ; mais comment ſemer ſi les nopals ne ſont pas nettoyés, & comment les nettoyer s'ils ne ſont pas récoltés ? & ſuppoſé qu'ils ſoient récoltés, & que l'on n'ait qu'à nettoyer, il faut qu'on ſacrifie les générations qui ſont déjà placées ; il ſeroit plus prudent de prendre les mères cochenilles, & les mettre dans les nids, en attendant que la récolte & le nettoyement ſoient finis, comme cela ſe pratique chez l'Indien, qui les ſème enſuite : mais il y a un autre inconvénient, c'eſt que les petites cochenilles, qui écloſent tous les jours, ſortent du nid & ſe ſauvent, enſorte que l'on perd les meilleures avant que les nids puiſſent être placés fur les nopals. Pour obvier à tous ces incon-véniens, on imagine de construire un séminaire dans lequel on prendra, & on aura des semences toujours prêtes. Par ce moyen on pourra récolter à l'aise, nettoyer aussitôt & prendre avec le même loisir des mères cochenilles dans le sémi-naire pour semer la nopalerie de nouveau, après le malheur d'une pluie qui ruineroit la récolte; enfin il sera le conservateur par excellence de l'espèce de cochenille fine dans la colonie, comme les cazes & les nopals couverts de nattes par l'Indien, le font au Mexique.

CHAPITRE IV.

Du séminaire de la cochenille fine.

On appellera ainsi le lieu dans lequel on gar-dera des nopals pendant la saison pluvieuse, pour y semer des mères qui perpétuent l'espèce des cochenilles fines, jusqu'au retour de la sai-son sèche. Quelques historiens rapportent qu'à l'approche des pluies, les Indiens cassent les branches de nopal sur lesquelles sont des coche-nilles; qu'ils les serrent dans les maisons & les gardent jusqu'aux sécheresses.

Il est certain qu'il y a ordinairement cinq à six mois de pluies par an dans les contrées du Mexique, de même qu'à St. Domingue; la cochenille fine faifant fes petits dans le terme de deux mois, il y a trois générations de cochenilles en fix mois de temps ; cela eft inconteftable ; n'y eût-il que deux mères cochenilles fur les branches de nopal que l'on met à la maifon, la première génération qui furvient eft déjà très-nombreufe, quoique fi l'on en croit les hiftoriens, chaque mère cochenille produit trois cent petits ; la deuxième génération fera de dix-huit cent mille petites cochenilles : on ne peut concevoir que les branches du nopal puiffent nourrir un tel nombre d'infectes fans être épuifées & fans pourrir promptement ; car cela arriveroit même aux branches qui tiendroient aux plantes, fi elles fe trouvoient chargées d'un trop grand nombre d'infectes. Nous ne pouvons donc nous perfuader qu'une branche de nopal puiffe vivre fix mois entiers dans une cafe, ne fut-elle même chargée d'aucun infecte. Il faut néceffairement fuppléer à cette opération, qui nous paroît infuffifante, en diminuant le nombre des cochenilles qui furchargeroient la branche de nopal, ou en renouvellant à chaque génération de cochenilles les nopals par d'autres plus frais, ce qui peut très-bien réuffir. On ne prétend point nier les faits, on ne cherche qu'à les éclaircir ; on a appris que cela fe pratiquoit, mais on n'a pas appris de la bouche des Indiens les détails que l'on foupçonne ici. Voici des faits pour & contre cette méthode : le nègre libre chez lequel on acheta dans le faux-bourg de *las Bueltas à Guaxaca*, de la cochenille vive fur des branches de nopal vif, avoit le long de la haie de fon jardin & des murs de fes cazes, cinq ou fix groffes branches de nopal, rompues à trois pieds de haut, fur lefquelles on vit quelques cochenilles femelles fort groffes; on lui demanda à quel ufage il deftinoit ces branches, il répondit indirectement que c'étoit des mères cochenilles; on étoit au 17 Mai environ, à la veille de la dernière récolte; la nopalerie du nègre n'étoit pas encore récoltée, on étoit à la veille des pluies; on a cru inférer de-là & avec raifon, que ces branches de nopal ainfi rangées contre fa haie & fes murs, n'étoient là que pour profiter toujours du beau temps, en attendant que la pluie forçât de les rentrer à la cafe pour les garder, & s'en fervir pendant les pluies à nourrir la cochenille fine, jufqu'au retour des fecs; on n'a fait aucune autre queftion à ce nègre pour ne pas fe faire foupçonner, parce que l'on étoit dans une ville; on fut plus familier avec l'alcalde *de Saint Juan del Rey.* On lui demanda comment il gardoit la cochenille pendant les pluies? il répondit que c'étoit dans la cafe; on en ufa auffi librement avec un Indien : on voyoit dans fa nopalerie récoltée deux ou trois nopals encore affez chargés de cochenilles; on lui demanda comment il pouvoit conferver fes cochenilles pendant l'hiver? il répondit en montrant du doigt les nopals.

C c iij

Se tapen con petales, ce qui signifie mot pour mot, on les couvre avec une natte.

Il paroit également vrai que quelques cultivateurs se servent de cette dernière méthode, & que d'autres adoptent & suivent la première, mais avec des additions que l'on soupçonne dans les procédés.

De quelque méthode que l'on se serve dans le Mexique, on ne prétend point l'imiter, on s'en est créé une troisième qui a les avantages des deux, & n'a aucun de leurs inconvéniens ; c'est de nourrir à couvert sur des plants de nopals vivans & enracinés en pleine terre, de la cochenille fine pendant toutes les pluies, & même pendant tous les secs : voici ce que l'on a déjà imaginé & éprouvé avec succès en petit.

On construira un hangar de cinquante pieds de long sur vingt-cinq de large, le toît de ce hangar sera élevé en dos-d'âne de six pieds ; ses lattes, au lieu d'être couvertes de tuiles ou d'essentes, seront couvertes de chassis volans, de grosse toile bien goudronnée en dehors & en dedans, qui y seront attachés avec des charnières ou des gonds, sur lesquels ils rouleront ; les petits côtés *nord* & *sud* du hangar, qui seront ses pignons, seront revêtus de planches dans toute leur hauteur ; les grands côtés *est* & *ouest* qui seront ceux de face, seront également bien planchés à trois pieds de hauteur depuis terre, &

du toît jusques sur ces planches, se baisseront des nattes dans les cas exprimés ci-après.

On aura soin de placer ce séminaire sur le niveau le plus élevé, & de faire des rigoles d'un pied & demi en quarré tout à l'entour, avec pente pour l'écoulement des eaux du toît; cela fait, on bêchera les terres du dedans du hangar, on les rangera & on les divisera en six lignes à la distance de trois pieds des parois, & de tous côtés, & les uns des autres, sur lesquels on plantera perpendiculairement à l'est des nopals d'un an ou dix-huit mois en racines; un hangar de cinquante pieds de long, & de vingt-quatre de large, peut contenir quatre-vingt-quatre plants. On laissera les nopals ainsi plantés pendant la saison des pluies, découverts de leurs chassis deux mois entiers, jusqu'à ce que les nopals soient bien repris & enracinés, après quoi on les semera pour un tiers de cochenilles fines: si c'est pendant les secs, on les laissera découverts.

On aura soin de procurer toujours du travail dans les environs à un nègre gardeur, pour qu'il ne s'éloigne pas de l'hangar, & le veille nuit & jour durant la saison des pluies, afin que la pluie tombant, il ferme les chassis, & abatte les nattes, & que le beau temps reparoissant, il ouvre & relève les uns & les autres, pour donner de l'air & du soleil aux plants. Pendant les secs on pourroit enlever les chassis & tenir le séminaire à découvert sans danger; mais comme c'est un

corps de réserve qui doit servir de ressource contre tous les accidens, pour perpétuer les cochenilles fines dans la colonie, il faut que les chassis
volans y restent toujours, afin qu'à tout hasard
ils soient prêts à servir & défendre le séminaire
contre tant d'accidens imprévus.

On ne sémera jamais à la fois que le tiers du
séminaire, ainsi les deux premières lignes étant
récoltées, on les nettoyera & on les laissera repo-
ser, pendant que les deux suivantes seront semées,
& ainsi de suite en recommençant.

On arrosera une fois seulement, chaque quinze
jours ou trois semaines, le pied des nopals avec
le bec de l'arrosoir; on aura soin de tenir le
séminaire très-propre.

A l'aide d'un établissement si peu coûteux &
si simple, on pourra toujours, chaque deux
mois, y trouver des mères cochenilles en suffi-
sance pour semer dix carreaux de nopalerie, &
l'on conçoit aisément que ce qui en restera ne
sera pas perdu, & méritera bien d'être récolté.

C'est par cette méthode que l'on a prétendu,
dans le premier mémoire donné sur cette matière,
que l'on enseigneroit à faire de la cochenille
fine pendant toute l'année : l'habitant aisé qui
voudra doubler, tripler ou quadrupler un pareil
établissement, fera conséquemment quatre fois
plus de cochenille sèche chaque deux mois. S'il
vouloit semer le séminaire en entier, ce qu'on
ne lui conseille pas, il en feroit douze livres

chaque deux mois ; mais il peut en femer les deux tiers , de manière qu'un tiers foit déjà âgé d'un mois , au moment que l'on fémera l'autre. Par ce moyen , il aura toujours deux tiers du féminaire en cochenille , pendant que le troifième fe repofera l'efpace de deux mois , & cela donneroit un produit net de quatre livres par mois, & de quarante-huit livres par an, cela eft bien fuffifant, fans contredit, pour payer les frais d'entretien de l'établiffement & les journées du nègre, qui d'ailleurs peut être occupé utilement, & on a encore en pur bénéfice les mères pour alimenter la nopalerie en plein air, & même pour en vendre à fes voifins.

On pourra être étonné de voir vendre des mères cochenilles à fes voifins : cela ne doit pas furprendre, ce trafic fe fait à Guaxaca (1).

Tout le monde ne garde pas dans fes jardins ou dans fa maifon des cochenilles mères pour le retour des fecs ; il arrive que ceux qui en gardent les voyent périr par leur négligence, ou par quelqu'accident que ce foit, il n'importe : fouvent même quand on a femé de trop bonne heure la nopalerie, il furvient encore une pluie trop violente ; toute la famille eft perdue ; cepen-

____

(1) On vend dans la colonie la graine d'indigo, c'eft un objet de commerce affez important : il y a des gens de couleur & des petits propriétaires qui ne font pas d'autres revenus.

dant il faut profiter du temps, & se hâter de resemer de nouveau ; mais comment faire si l'on n'a plus de sémences ? On n'en emprunte pas à son voisin.

Tout le monde s'est accordé à vendre & à acheter les mères cochenilles : on les achette donc, & on les achette fort cher dans leurs nids ; la livre de ces nids coûte quelquefois cinq, six, & dix piastres gourdes selon la rareté de la marchandise & le besoin de l'acheteur : les Indiens vont les uns chez les autres, chercher quelquefois ces nids, à vingt-cinq, trente ou quarante lieues, & ils sont encore bons à semer au bout de cette marche, & du temps qu'elle exige (1).

On a entrevu très-clairement que ce sont les Indiens des montagnes qui font ce trafic, & vendent les mères cochenilles aux Indiens de la plaine ; on a même compris que la cochenille des montagnes étant toujours plus grosse que celle de la plaine, les Indiens de la plaine ne se soucioient pas de semer la leur, & qu'ils la

---

(1) Nous avons gardé pendant trois semaines dans une boëte, des mères cochenilles qui ont fait leur part successivement, & qui ont produit pendant ce temps des petits très-vivans, quoiqu'elles ne prissent aucune nourriture. Ce fait est d'autant plus singulier que cette cochenille avoit souffert deux irrorations d'eau à plus de soixante degrés de chaleur, ce qui prouve que l'eau doit être bouillante pour tuer cet insecte.

renouvelloient une fois chaque année par des femences de la montagne.

On voit donc clairement l'utilité parfaite & la néceffité abfolue d'un féminaire dans chaque nopalerie ; mais on doit fentir auffi quel avantage cette invention a fur la manière de couvrir la cochenille dans le jardin, & la découvrir tous les jours, ou d'embarraffer fa caze par des branches de nopal, couvertes de mères qui peuvent être ruinées par mille fortes d'accidens, & auxquels après tout on doit autant de foins & d'attention que l'on feroit forcé d'en donner à un féminaire, fans en tirer le même revenu; on croit qu'elle obtiendra la préférence chez tous les cultivateurs aifés.

Il faut renouveller de plants le féminaire chaque trois ans.

CHAPITRE V.

De la manière de recueillir la cochenille fine.

Il faut recueillir la cochenille fine immédiatement avant qu'elle faffe fon part, c'eft-à-dire, auffitôt que l'on voit fur quelques nopals quelques mères cochenilles qui font leurs petits : cela arrive deux mois jour pour jour après qu'elles ont été femées; il faut veiller cet inftant & le faifir. Rien n'empêche qu'on n'en profite, parce que l'on voit le foleil tous les jours de l'année à Saint-Domingue. Les matinées font prefque toujours fereines au Port-au-Prince ; on n'a pas vu dix jours d'exception en quatre ans de temps d'obfervations ; mais ces exceptions n'ont pas lieu pendant l'hiver, où les matinées font toujours belles. On peut donc toujours en difpofer librement , & les confacrer à la récolte de la cochenille fine.

Il faut récolter avant fon part, pour deux raifons très-effentielles ; la première, c'eft que les mères étant recueillies à cette époque ont plus de poids & de parties colorantes, puifque chaque petit infecte, œuf ou animal, eft colorant lui-même comme fa mère, & que fi on la laiffoit accoucher en entier, fon corps ne feroit plus qu'un coffre également léger & vuide, peu colorant ; ce qui feroit une perte bien palpable & bien dommageable ; la deuxième raifon, c'eft que fi on laiffoit les mères accoucher fur les nopals, les petits feroient trop nombreux fur la plante, & la feroient périr en périffant eux-mêmes pour la plus grande partie.

Le jour de la récolte de la cochenille fine doit être un jour de fête & d'alégreffe (1) ; il n'eft point de récolte fi précieufe & fi belle dans tout l'univers ; il n'en eft point de fi aifée à

____

(1) Toutes les récoltes des colonies font d'un très-grand rapport, mais c'eft la main de la trifteffe qui les fait, la gaieté veut être libre.

faire, ni de moins mal propre, ni de moins embarraffante; car la cochenille n'a aucune odeur dégoûtante ou défagréable, ni aucune qualité malfaifante; il n'en eft point dont les travaux fe terminent fi promptement, & dont le produit foit fi affuré : on peut dire que recueillir de la cochenille, c'eft recueillir de l'or, tant l'intervalle qui fépare la vente de la cueillette eft court : un homme peut recueillir vingt livres de cochenille crue dans fa journée fans fe bleffer, fans fe gêner, fans s'efforcer, pour ainfi dire en fe jouant. Pour terminer promptement la cueillette, toute la famille doit y travailler; il eft rare que fix perfonnes intelligentes ne récoltent une nopalerie d'un arpent dans une matinée.

On la commence dès le premier point du jour, pour éviter l'ardeur du foleil, après neuf heures; chacun eft armé de la main gauche, d'un panier de paille, d'un tiffu ferré, ou d'un baffin creux de fer blanc ou d'airain, dont un des bords foit taillé & formé comme le tour du col d'un plat à barbe, afin d'engager dans cette échancrure la partie étroite des articles des nopals; alors de la main droite avec un couteau long & large dont le tranchant émouffé ne puiffe incifer, en le paffant entre les articles & la cochenille, on fait tomber celle-ci dans le baffin, en ramaffant foigneufement celles qui s'écartent & tombent à terre. La nopalerie récoltée doit être nettoyée à l'inftant avec une éponge ou un torchon, que l'on trempe souvent dans l'eau pour enlever la poudre graffe & blanche qui refte en tas où les cochenilles ont vécu (1).

Pendant que l'on récolte la cochenille fine dans la nopalerie, on prépare de l'eau bouillante à la maifon dans plufieurs chaudières. A mefure que l'on ramaffe l'infecte, on le tue dans cette eau bouillante & on le met au foleil de la manière fuivante ; on a des tamis faits de cannevas ou de groffes ferpillières, dont le tambour foit couvert du même cannevas ou ferpillière felon leur grandeur; on met cinq ou fix livres de cochenille fine dedans ; on ferme le tambour ; on met le tamis dans une baie de même diamêtre au moins, & à l'inftant on verfe de l'eau bouillante fur le tamis, que l'on affujettit dans la baie jufqu'au-deffus des bords, de manière qu'il trempe en entier dans l'eau ; on le laiffe en cet état depuis vingt fecondes jufqu'à deux ou trois minutes; après l'avoir agité dans l'eau un inftant, pour faire paffer la terre qui pourroit être avec les cochenilles, on le tire de l'eau, on le renverfe fur une table garnie de bords en tiroirs : on expofe la cochenille au foleil le plus ardent, on l'y étend très-légèrement, on la retourne à midi, on la remanie

______

(1) Ces règles étant les mêmes que celles qui ont été prefcrites pour recueillir la cochenille filveftre, il femble que l'auteur auroit pu fe difpenfer de les répéter.

pour féparer quelques infectes qui auroient pu
fe coller enfemble, & on la change de place le
foir; fi on en a fait cent livres le matin, on la
vend le foir, fi l'on veut, car elle n'a pas befoin
d'autre préparation.

La cochenille faite en petite quantité promptement, fans avoir été vuidée, revuidée, tranf-
vafée, fecouée, balottée, par des voyages &
des ventes en crû, doit avoir l'air jafpée, c'eft-
à-dire, avoir la couleur d'un gris tirant fur le
pourpre ; elle a ce gris parce que n'étant pas
tourmentée & froiffée, elle ne peut perdre tout
à coup fa poudre blanche ; il lui en refte toujours un peu ; elle a cette couleur veinée de
pourpre, parce qu'il n'eft pas poffible qu'en la
recueillant on n'en écrafe quelques - unes, qui
étant enfuite mifes avec les autres dans l'eau
bouillante teignent cette eau, & colorent le
refte d'une légère teinte rofe ou pourpre.

On croit la cochenille fine fuffifamment defféchée, quand elle a eu à propos un foleil
ardent depuis neuf heures du matin jufqu'à quatre
heures du foir ; on reconnoît qu'elle eft bien
sèche, quand les graines fonnent comme le
grain de bled fur la table ou les planches fur lefquelles on les laiffe tomber ; alors elle eft mar-
chande ; c'eft ainfi qu'on l'achette : cependant pour
une plus parfaite tranquilité d'efprit à cet égard,
on fera bien de la repréfenter au grand foleil
encore une fois, depuis dix heures du matin

jusqu'à deux heures après midi ; quoiqu'elle exige moins cette précaution que la cochenille silvestre, qui, enveloppée dans son coton, sèche plus difficilement : on ne doit rien négliger pour s'assurer une récolte si précieuse.

Quand la cochenille est parfaitement sèche, si on veut la conserver, il est bon de la mettre dans des boëtes de cèdre, en tiroirs comme ceux des apothicaires : si on la vend, il suffit de la mettre dans des fanègues ou sacs de cuir de bœuf faits exprès.

Mais il ne faut pas oublier quand elle sèche, de la passer avec une sorte de crible assez large pour laisser passer les cochenilles, mais qui puisse arrêter les bourres & cotons des larves des mâles, que l'on ne peut s'empêcher de récolter avec la cochenille. Pour aller plus vîte, on met à part ces bourres, parce qu'il s'y trouve toujours des petites cochenilles engagées, qu'il ne faut pas perdre ; & elles se vendent ou séparément, ou avec la cochenille silvestre.

On sera sans doute surpris que dans la récolte des cochenilles silvestres & des cochenilles fines, il ne soit jamais question que des cochenilles femelles & jamais des mâles ; on ne voit même dans la vente que des cochenilles femelles chez les marchands, & jamais on n'y voit des mâles quoiqu'ils soient colorans, quoiqu'ils puissent donner une teinture exquise. Que deviennent-ils, demandera-t-on ? Ils sont ordinairement en si

petit

petit nombre en comparaison des femelles, ils
sont si légers : un mâle n'a point la cinquan-
tième partie de la solidité d'une femelle ; ils
meurent si subitement, les fourmis s'en saisis-
sent, & l'enseveliffent si promptement dans leur
cellier, qu'il faudroit être bien habile pour en
recueillir un demi gros pesant par jour. Il n'y
en a peut-être pas une demi-once dans une
nopalerie de quatre arpens. On doit juger d'après
ces faits, que l'économie la plus attentive n'a
pas de prise par un produit si peu important.

CHAPITRE VI.

Des maladies & des ennemis de la cochenille fine.

ON ne connoît aucune maladie à la cochenille
fine, non plus qu'à la cochenille silveftre, à
moins que l'on ne veuille nommer ainsi la peine
que la première a de se débarraffer pour la
seconde fois de sa larve, qui lui coûte souvent
la vie ; mais il n'y a aucun moyen de remédier
à cet accident : il faut en faire le sacrifice sans
regrets, car le dommage que l'on éprouve en
pareil cas, n'est pas comme deux à cent. Il
n'en est pas ainsi des ennemis de la cochenille ;
on a remis jusqu'à présent à en traiter, pour
faire voir du même coup-d'œil ceux qui nuisent

D d

à la cochenille fine, & particulièrement ceux qui nuisent à la cochenille silvestre.

Le premier de ces ennemis est natif du nopal même, sur lequel on éduque les cochenilles, c'est une coccinelle nommée par Linnæus *coccinella caci coccinelliferi* : c'est une espèce de cet insecte que le vulgaire appelle en quelques endroits des *petits bœufs*, en d'autres des *marguerites* ; il est hémisphérique, applati par le ventre, convexe sur le dos, de la grosseur d'un pois, ses aîles sont couvertes d'une coleoptère ou cuirasse convexe que l'on confond avec elle ; cette sorte de cuirasse est noire, avec un grand point rond, jaune orangé, sur chacune ; il est très-aisé à reconnoître. Les Indiens le cherchent avec soin & l'écrasent ; il faut en faire la chasse le matin avant le lever du soleil ; parce qu'alors, engourdi par le froid, il ne peut s'envoler, on le saisit facilement ; mais si le soleil est levé il ne se laisse pas approcher, il éventre ordinairement les cochenilles, il leur suce les entrailles ; il est très-commun à *Guaxaca*, mais on ne l'a pas vu depuis que l'on est à Saint-Domingue ; il attaque & nuit également aux deux espèces de cochenilles.

Le deuxième est une chenille d'un gris sale, grosse comme une plume de corbeau, de la longueur d'un poucé au plus, qui est certainement la larve d'un phalène ; c'est le plus cruel & le plus redoutable des ennemis de la cochenille ; il se trâme une toile légère pour lui servir de galerie fur l'article du nopal : fous cet abri il creufe une tranchée par laquelle il arrive à la fape, jufques dans les rangs les plus épais des cochenilles, qu'il maffacre en leur rongeant l'abdomen par deffous, il leur fuce le fang, & leur laiffe le refte du corps qui paroît fain & entier le premier jour, mais qui fe deffèche & fe cave le lendemain ; c'eft un fleau, le véritable tigre de la cochenille, il en tue par douzaines en un jour, & en peu de temps il détruit toute une famille ; pour le découvrir il faut fonder avec une épingle ou une épine toutes les petites toiles que l'on voit fur un article chargé de cochenille ; on enlève la toile, il paroît dans fa tranchée tout enfanglanté, il s'irrite, s'agite, & fe laiffe tomber tout de fuite à terre en fe tortillant ; ne l'écrafez pas, tuez-le feulement, il faut le garder, le deffécher, & le vendre avec la cochenille, il en eft tout farci, & il n'y en a point qui coûte fi cher au cultivateur.

On a purgé de cet infecte les nopals que l'on a rapporté de Guaxaca, on ne l'a pas revu depuis à Saint-Domingue (1) ; il eft d'autant plus dangereux qu'on ne s'apperçoit du dommage que par les cadavres defféchés de fes victimes, c'eft-à-dire, quand le mal eft déja confommé, il attaque également la cochenille filveftre & la coche-

____

(1) Nous l'avons vu particulièrement fur la raquette efpagnole, dans notre jardin du Cap.

nille fine, mais il défole la première plus sûrement, parce qu'on l'y découvre moins facilement que parmi la feconde.

Le troifième qu'on avoit repréfenté comme une araignée eft une teigne, dont la larve fe couvre de petits brins de paille, de fciure ou vermoulure de bois ; elle eft groffe comme une femence de poirée, fans forme, elle a l'air peu fufpecte, quand elle marche on ne s'en défieroit pas, mais elle eft auffi cruelle que la chenille ci-deffus, quoiqu'elle ne détruife pas tant d'infectes en huit jours que celle-ci en un feul ; elle leur ronge l'extrémité de l'abdomen, puis le refte du corps ; on l'a trouvée à Saint-Domingue, rarement il eft vrai, mais il ne faut pas la veiller moins affidûment pour cela : un des grands indices qu'elle, ou la phalène ci - deffus, menacent les cochenilles, c'eft d'appercevoir celles-ci fe mouvoir, & rompre leur trompe pour fuir, ce figne eft infaillible ; cherchez attentivement, vous trouverez leurs ennemis : celui - ci attaque les cochenilles filveftres de même que les fines, on le tue en l'écrafant.

Le quatrième ennemi des cochenilles eft le coccus de l'opuntia que l'on a décrit dans le traité du nopal, au chapitre des ennemis de cette plante : quand un nopal eft empoifonné de ces infectes encore petits, à mefure que les femelles aggrandiffent leurs targes & font la tortue, elles paffent fous les pieds de la cochenille fine, &

étranglent fa trompe en la refferrant de toutes
parts, la cochenille tombe fouvent, ou languit
& fe deffèche : le remède eft de facrifier toutes
les cochenilles pour nettoyer le coccus avant la
récolte de la cochenille fine, afin qu'il n'infecte
pas fes voifins par les nombreufes émigrations
de fes progénitures ; on le nettoye en raclant la
plante avec un couteau, en la frottant fortement enfuite avec une éponge fouvent mouillée
dans l'eau, & en la lavant enfuite avec une autre
éponge trempée dans de l'autre eau.

Le cinquième & dernier ennemi eft la fou-
ris : les Indiens prétendent qu'elle eft friande de
cochenilles fines , elle touche rarement à la
filveftre à caufe du coton dont elle eft couverte,
& qui lui embarrafferoit les dents ; s'il eft vrai
qu'elle aime cet infecte, on ne s'en eft pas
apperçu à Saint-Domingue, mais il eft mille
moyens de fe débarraffer de cet ennemi, c'eft
l'affaire du cultivateur de choifir le plus certain ;
le moins convenable eft un chat dans une nopalerie , parce qu'il pourroit faire tomber les
cochenilles.

Au refte, femblable aux médecins, qui traitent
toujours gravement les maladies les plus légères
comme fi elles étoient mortelles, on ne prétend
pas allarmer le cultivateur par des craintes chi-
mériques. On lui dit ce qui eft, il doit le prendre au pied de la lettre, on n'exagère ni le bien
ni le mal pour animer ou attiédir fes défirs &

D d iij

ſes eſpérances ; on doit l'avertir ſeulement qu'avec les précautions les plus légères, après une viſite faite tous les matins dans une nopalerie , il n'eſt aucun de ces ennemis qui puiſſe y cauſer beaucoup de dommage.

CHAPITRE VII.

De l'accident le plus funeſte à la cochenille.

QUAND les hiſtoriens parlent des grands malheurs qu'éprouvent les riches Indiens en cultivant la cochenille , ils ne diſent pas quels ſont ces malheurs, on a long-temps cherché quels y pouvoient être ; on ne ſe ſeroit guère imaginé que ce qui eſt un bonheur pour la majeure partie des biens de la terre, eut pu être la cauſe de la ruine des Indiens ; c'eſt cependant elle ; c'eſt l'accident le plus redoutable & le plus irréparable auquel ſoit ſujette l'éducation de la cochenille, on a déjà dû le preſſentir & l'entrevoir dans tout le cours de ce traité ; les deux vers de Sénèque que l'on a mis à la tête du livre, & deſquels on a détourné le ſens propre de comparaiſon, dans laquelle l'auteur les place pour en faire une propoſition applicable au traité de l'éducation de la cochenille, l'indiquent : cet épigraphe eſt le *compendium* de tout le traité de la cochenille.

Cenſeurs indiſcrets, que la vanité de paroître

favoir tout, que la démangeaifon de parler plutôt que le défir de vous inftruire & d'inftruire
vos femblables précipite dans des jugemens témé-
raires ; vous, faifeurs de réputation, dont les voix
ftentoriques provoquent & foulèvent les nuages
& les vapeurs des préjugés publiés pour ou contre les établiffemens que vous voulez accréditer
ou renverfer, laiffez-là toutes les objections qui
font forties de votre profonde pénétration, & de
vos calculs infinis, écoutez enfin à votre tour ;
prenez la férule, voici l'endroit où vous devez
frapper, fur lequel vous devez vous appéfantir ;
voici l'objection la plus redoutable que vous puif-
fiez faire à ceux qui élèvent de la cochenille ;
c'eft la pluie : elle n'entroit pas dans vos calculs,
on s'en doute bien, comment faire une objection
d'une chofe fi commune, fi triviale? Il vaut bien
mieux aller chercher des fuppofitions au loin,
pour qu'on ne puiffe vous contredire aifément.

La pluie fera auffi redoutable au Port-au-
Prince qu'à *Guaxaca* : elle empêche au Mexique les Indiens de récolter la cochenille fine
pendant toute l'année, c'eft elle auffi qui ruine
leurs récoltes, quand ils ont femé de trop bonne
heure en Octobre ; c'eft elle qui les ruine quand
ils ont femé trop tard en Avril ; c'eft elle enfin
qui dans le cours de quelque hiver, quand la
nature fait exception à fes règles ordinaires,
quand par exemple un nuage perd l'équilibre au-
deffus d'un territoire femé de cochenille, faccage,

ruine & entraine la récolte quelquefois pro-
chaine, quelquefois éloignée, & avec elle les
espérances & la fortune des Indiens; voilà quels
sont les grands malheurs qu'ils éprouvent, il n'y
en a pas d'autres, on défie qui que ce soit
d'en nommer un seul, non pas plus désastreux,
mais seulement aussi ruineux.

Pour le faire comprendre à ceux qui ne con-
noissent pas l'Amérique méridionale, il faut distinguer quatre sortes de pluies. 1º. Les pluies
lentes dont les gouttes infiniment petites & rares
ressemblent à une brume : ces pluies ne nuisent
ni à la cochenille silvestre, ni à la cochenille
fine ; elles ne durent jamais plus de deux jours
à Saint-Domingue.

Les pluies douces, comme celles des pluies
ordinaires de l'Europe, dont les gouttes sont plus
grosses que la brume & tombent plus vite, mais
perpendiculairement sans être chassées par les
vents : on n'en a point vu durer plus de vingt-
quatre heures; la cochenille silvestre n'en souffre
point, la cochenille fine en est incommodée,
mais elle la supporte quand elle est âgée d'un
mois.

Après cela il y a les grains : c'est une pluie
dont les gouttes grosses comme celles de nos
pluies d'Europe, tombent perpendiculairement
à l'improviste, sans être en apparence chassées
par aucun vent, & durent un quart - d'heure
plus ou moins avec violence, la cochenille fine

ne les supporte pas, le poids de ces gouttes
d'eau la fait tomber ou la meurtrit, mais la
cochenille silveftre les supporte & n'en eft que
légèrement incommodée (1).

Enfin il y a encore les avalaffes ou orages
qui font mêlés d'éclairs, de tonnerres, & chaf-
fés par le vent avec une violence incomparable
à tout ce qu'on connoît : l'eau femble être
verfée du ciel comme d'une cataraČte; les gouttes
tombent avec un fracas plus épouvantable que
celui de nos horribles grêles d'Europe ; elles
font le même ravage fur les jeunes plantes
boréales que l'on élève dans les jardins; la
cochenille filveftre en eft endommagée, & tota-
lement perdue, quand elle n'a qu'un mois d'âge;
quand elle eft plus avancée, par exemple prête
d'être récoltée, elle n'en eft pas ruinée pour
cela, la pluie ne peut l'entraîner & l'emporter,
mais il faut la récolter le lendemain, parce
que celle qui eft tuée par le poids de l'eau
pourriroit promptement.

Depuis cinq ans, on n'a pas encore vu une
pluie d'orage, ou ce que l'on appelle une avalaffe à Saint-Domingue, pendant tout l'hiver; on
y a vu une feule fois une pluie douce durer
vingt-quatre heures, & être fuivie d'une brume

---

(1) Les pluies d'orage qui tombent avec force détachent
auffi la cochenille filveftre ; les pluies du nord qui font
très-lourdes, & qui durent fouvent plufieurs jours de fuite
dans la partie du Cap, doivent être funeftes à la cochenille.

de deux jours : ces pluies tombent à la nouvelle lune de Janvier; c'eſt ce que l'on appelle dans le pays *pluies du petit mil* ; mais elles ne ſont ni durables, ni violentes. Le reſte de l'hiver eſt parfaitement ſec, comme ce qui a précédé, & très-ſouvent ces pluies de petit mil manquent ou ſont ſi inſenſibles & ſi peu durables, qu'elles n'abattent pas même la pouſſière, il ne peut donc pas être queſtion d'elles ici comme d'un obſtacle à la culture des cochenilles.

S'il ne s'agit uniquement que des grains, ou des groſſes pluies & des avalaſſes, ces ſortes de pluies finiſſent en Octobre, & ne recommencent qu'en Avril; tout l'eſpace qu'elles laiſſent entre leur fin & leur renouvellement peut être conſacré à l'éducation de la cochenille; cela facilite trois récoltes complettes.

On ne parle ici que des pluies du territoire du Port-au-Prince, on n'a encore pu s'inſtruire par ſoi même de ce qui ſe paſſe ailleurs dans la colonie, & ſi ce que l'on en rapporte eſt vrai, il eſt des quartiers où l'on pourroit faire quatre ou cinq récoltes de cochenilles fines par an.

Comment une récolte de cochenille fine peut-elle être ruinée par un grain ou par une avalaſſe? Le voici : quand on a ſemé la nopalerie en Octobre de trop bonne heure, il ſurvient un dernier orage, la récolte eſt perdue en entier, quand elle n'eſt pas aſſez avancée, & en partie quand les cochenilles ſont âgées, par exemple, de fix femaines : la même chofe arrive quand on a femé trop tard en Mars, s'il furvient une avalaffe.

Enfin, quand par un malheur affez étrange & très-rare, un nuage crêve fur une nopalerie pendant les féchereffes de l'hiver, en tous ces cas, le mal eft-il fans reffource, la perte eft-elle complette? Non.

Quand un grain fond fur une nopalerie nouvellement femée, de trois femaines par exemple, tout eft perdu; l'unique reffource eft de femer de nouveau bien vîte fans perdre de temps; on a toujours dans le féminaire des mères prêtes à être femées, & l'on n'éprouve qu'un retard de trois femaines. Si vous êtes au commencement des fecs cela ne doit pas vous décourager, puifque vous n'avez plus rien à craindre de femblable. Si vous êtes au milieu des fecs vous pouvez encore efpérer de faire une bonne récolte; mais fi vous êtes à la fin, il eft inutile de faire une nouvelle femaille qui feroit en pure perte.

Quand un grain furprend vos cochenilles âgées de cinq ou fix femaines ou même plus, alors tout n'eft pas perdu; vous faites promptement une demi récolte; car ces infeces n'ont que la moitié de leur groffeur ordinaire, & vous femez encore tout de fuite fans perdre de temps; vous n'avez perdu que quinze jours, le refte étant compenfé par le produit de la petite récolte forcée que vous avez faite. Ainfi l'on

voit que les pluies font d'autant moins dange-
reufes pour la cochenille, qu'elle eft plus avancée
en âge.

CHAPITRE VIII.

*Comparaifon du dommage que caufe la pluie à la
cochenille, avec celui que d'autres accidens cau-
fent à d'autres cultures.*

QUAND une récolte de cochenille eft ruinée au
trentième jour, quelle eft la perte qu'éprouve
le cultivateur d'une nopalerie d'un carreau de
terre? Il a perdu un mois de temps, plus une
livre & demi ou deux livres de cochenilles
crues prife dans fon féminaire, plus quatre journées de nègrillons pour la femer; voilà tout :
mais l'indigotier, qui voit ruiner fon herbe par
la chenille du foir au lendemain, perd pour
cent écus de femences, & quelquefois mille écus
de travaux de fes nègres, outre la perte fictive
de fes efpérances. La même chofe arrive au
planteur de coton; c'eft encore pire quand le
feu paffe dans une pièce de cannes, ou lorfque
prête de mûrir, elle eft couchée à terre par un
ouragan : la pluie n'a donc rien de plus ruineux pour le cultivateur du nopal, que le feu
pour le fucrier, la chenille pour l'indigotier &
le cotonnier ; elle n'eft pas plus ordinaire que

ces fléaux ; mais ces fléaux découragent-ils le
fucrier, l'indigotier & le cotonnier ? Non : la crainte
des pluies extraordinaires ne doit donc pas arrêter
le cultivateur du nopal.

Mais fuppofons pour un moment que toutes
ces cultures aient un fuccès heureux ; comparez
leurs travaux, leurs fardeaux, leurs encombre-
mens, les mifes dehors & leurs bénéfices,
avec quelle peine le caffetier fait fécher une
denrée que la concurrence ou une guerre avilit.
Voyez quelle troupe de nègres il faut pour
farcler, pour récolter, pour fécher, pour écrafer,
pour tirer le caffé : il faut beaucoup de chevaux, de mulets, pour charger pour mille écus
de marchandife ; tandis que l'on voit arriver
de cinquante lieues dans les terres, un cultivateur de nopal, qui porte au marché pour trois
cent louis d'or de cochenille fur un feul mulet :
quels capitaux énormes ne faut-il pas pour faire
par exemple cent milliers de fucre ? quels capitaux, quelle culture, quelles opérations, quelles
manipulations ne faut-il pas pour faire la valeur
de trois cent louis d'or en indigo ? Il n'en faut
fúrement pas autant pour cultiver la cochenille ;
mais ce feroit infulter le lecteur & fe défier
de fa pénétration, que de pouffer les comparai-
fons & les détails plus loin.

CHAPITRE IX.

L'éducation de la cochenille sera utile à la colonie françoise de St. Domingue.

POUR spéculer avantageusement dans une entreprise de culture & de commerce, c'est peu d'être doué d'intelligence & de raison, il faut avoir acquis une somme de connoissances de faits au-dessus du vulgaire : c'est de ces faits bien constatés dont on se sert pour principe de ses raisonnemens & pour base de la spéculation ; or ces faits ne se vérifient que par les voyages & les observations sur les lieux.

Ceux qui ont objecté contre l'utilité de la culture de la cochenille à Saint-Domingue. 1°. Le prix de la main-d'œuvre des nègres. 2°. La cherté de leur nourriture & entretien, étoient-ils bien instruits, quand ils ont prétendu que les Indiens vivoient à meilleur compte, & que le prix de leur journée étoit plus bas que celui des nègres françois ?

La piastre gourde espagnole vaut onze réales de Plata dans la colonie françoise de Saint-Domingue ; elle en vaut neuf à la Havanne, elle n'a cours que pour huit à la nouvelle *Vera-Crux*, *Guaxaca* & toute l'audience de *Guatimala* & de *Mexico*.

La main-d'œuvre des Indiens dans le Mexique

varie felon l'éloignement ou la proximité des grandes villes; on ne parlera pas de celle de *Mexico*, que l'on ne connoit pas; mais on parlera de ce que l'on connoît, & que l'on a vu dans le fond des provinces. La main-d'œuvre des Indiens commandés en corvée, pour l'exploitation & le fervice des terres des Caftillans, eft de deux réales de Plata; ainfi payer la main-d'œuvre des Indiens de *Guaxaca à deux réales de Plata*, c'eft la même chofe que de les payer *trois réales de Plata à la Havanne*, ou de la payer quatre réales moins un tiers au Port-au-Prince.

Il faut obferver ici que la corvée eft une charge impofée par le vainqueur, & que le prix apparent qu'il accorde au vaincu pour falaire de fon ouvrage eft une grâce, une condition dont il s'eft rendu le maître, & non une convention libre; le vainqueur a donc donné par la raifon du plus fort le moins qu'il a pu, on fait combien les rétributions des corvées font modiques même en France; cela prouve encore qu'elles ne font confidérées que comme alimentaires, afin que le corvéable n'ait point de prétexte apparent ou raifonnable de ne pas travailler.

Au Port-au-Prince, un nègre perruquier, cuifinier, domeftique, fe loue par mois quarante-cinq livres ou cinq piaftres gourdes, qui font cinquante-cinq réales de Plata, c'eft-à-dire un peu moins de deux réales de Plata par jour;

ajoutez-y une demi réale de Plata pour sa nourriture, ce sera deux réales & demi par jour. Un nègre de ferme pour jardin se paye trois cent livres par an : ce n'est pas une réale de Plata par jour, supposons-la pourtant d'une réale, & ajoutons-y une demi réale pour sa nourriture, il coûtera une réale & demi par jour au locataire : voilà donc son salaire fixé au plus haut prix, compris sa nourriture, à une réale & demi par jour.

On sait que dans les cas de liquidation, de dommages intérêts & de restitution de fruits, les arrêts du conseil supérieur du Port-au-Prince ont quelquefois adjugé quatre réales de Plata par jour au maître légitime de l'esclave ; mais ce sont des cas de rigueur, dans lesquels le magistrat armé de l'autorité de la loi sévit contre le détenteur ; & ce prix liquidé si haut est une peine contre l'injustice de celui qui succombe ; d'ailleurs cela dépend des circonstances & principalement des talens d'un nègre ; car on avoue qu'il y a des cuisiniers qui se louent cent livres par mois, mais il ne s'agit ici que de la main d'œuvre d'un nègre de jardin, qui a été fixée à une réale & demie de Plata.

On voit par cet exposé fidelle, que personne ne peut démentir, que la main d'œuvre est moins chère au Port-au-Prince qu'à *Guaxaca*, quoique les vivres soient à meilleur compte à *Guaxaca* qu'au *Port-au-Prince*.

La taxe de l'Indien le plus pauvre à Guaxaca

est

eſt celle des *topith* (1). Les ordonnances leur
adjugent une réale de Plata par quatre lieues :
ils peuvent gagner deux réales, mais l'humanité
& la reconnoiſſance des voyageurs ne ſe bornent jamais là. L'eſpagnol eſt orgueilleux, mais
perſonne ne lui impute l'avarice & la ſordidité ſi
oppoſées à la hauteur de ſon caractère exalté ;
mais un *topith* gagne toujours au moins quatre
réales de Plata par jour quand il travaille : or ,
eſt-ce un *topith* qui fait de la cochenille ? Un *topith*
eſt l'homme de peine de la communauté, il eſt
l'alguazil né des alcaldes, & ſon gain n'eſt pas
borné aux courſes des poſtes, il a des rétributions de la commune où il demeure. Le *topith*
eſt cependant toujours l'homme le plus miſérable de la commune ; cela eſt paſſé en expreſſion
proverbiale ; *malheureux comme un topith*. Mais
on le répète, ce n'eſt point lui qui fait de la
cochenille.

On a mangé quelquefois chez de pauvres Indiens, on a fait maigre chère chez quelques-uns,
mais on en a trouvé qui mangeoient d'excellentes volailles, & ceux-là n'étoient pas des cultivateurs de cochenille ; la nourriture commune des
Indiens ſont des galètes de mahys, mais ils ont
ou de la viande ou des volailles, & ils ne mangent le fruit des cactes que par plaiſir & par
goût. Dès qu'un *topith* gagne quatre réales ou

____

(1) Courier de poſte.

E e

ſeulement deux par jour, il peut manger un poulet avec ſes *tordillas*, parce qu'un poulet ne coûte qu'une réale, & quelquefois moins, tandis qu'il coûte deux & trois réales de Plata au Port-au-Prince. Or s'il mange un poulet d'une réale & pour une demi réale de tordillas, ou de pain eſpagnol par jour, ſans compter ſon chocolat, ſa nourriture eſt bien meilleure & plus chère que celle du nègre (1).

Quelle eſt la nourriture du nègre à Saint-Domingue? C'eſt l'igname, la pattate, la banane, la caſſave: on ne donne à un nègre domeſtique qu'une demie-réale pour acheter ces ſortes de nourriture: or, une demie-réale eſt plus baſſe *au Port-au-Prince* de trente pour cent qu'à Guaxaca, puiſqu'au Port-au-Prince elle eſt le vingt-deuxième de la piaſtre gourde, & qu'à Guaxaca elle eſt le ſeizième. Ainſi quand, ce qui eſt faux, un Indien, un homme libre de *Guaxaca* ne vivroit qu'à une demi-réale de Plata par jour, ſa nourriture ſeroit plus chère réellement que celle d'un nègre de la colonie françoiſe de Saint-Domingue.

Mais la nourriture de deux nègres ne revient pas à une demi-réale au cultivateur de Saint-Domingue, parce qu'il n'y a que dans les villes

____

(1) Il faut ſuppoſer que l'Indien qui mange de la volaille l'élève lui-même, & qu'il n'eſt pas dans la néceſſité de l'acheter: les nègres de la colonie ſont dans le même cas.

où l'on donne de l'argent aux nègres domesti-
ques pour vivre, & que les nègres cultivateurs
font nourris en général avec les vivres que le
fol produit.

Il eft donc démontré que le nègre de Saint
Domingue vit à infiniment meilleur compte
chez fon maître que l'Indien libre de Guaxaca
le plus miférable ; le prix de fa main-d'œuvre
eft encore plus bas.

Mais pourquoi établir une comparaifon entre
le pauvre Indien libre & le nègre efclave de
Saint-Domingue, pour le prix de la nourriture
& celui de la main d'œuvre, à deffein de recher-
cher fi l'on peut foutenir la concurrence avec
les Efpagnols dans l'éducation de la cochenille
fine ?

C'eft l'Indien aifé (car il n'y en a pas de
riche) ; c'eft l'Indien propriétaire de terre qui
cultive la cochenille, & non pas celui qui
ramaffe des *pitahiaha*, ou qui marche devant
des chevaux de pofte.

L'Indien libre & aifé a du profit à cultiver
la cochenille. Ce n'eft pas le tout, le gouverneur de province, le gouverneur de ville, l'alcalde
major, fon lieutenant, l'Indien ou le nègre,
alcalde ordinaire, ont même du profit à l'acheter,
à la monopolifer du cultivateur par des avances
ufuraires & perfides, & par des achats prématurés ;
ils la revendent enfuite aux négocians, qui la

chargent fur les vaiffeaux de regiftre, & c'eft
ce qui fait hauffer le prix de cette denrée.

Quel feroit donc le profit de l'Indien, s'il
pouvoit mettre lui-même la cochenille fur le
marché de Cadix, comme il la met à Guaxaca?
Il feroit toujours beaucoup au-deffous de celui
que pourra faire le colon françois, qui, en
exploitant de la cochenille, aura l'avantage de
la vendre lui-même aux navires marchands de
fa nation.

On voit rarement l'auteur d'une entreprife
utile en tirer tout le fruit qu'il a droit d'en
efpérer. Celui qui propofe la culture du nopal
& l'éducation de la cochenille aux colons de
Saint - Domingue le fait bien, il ne s'eft pas
abufé, & il ne fe promet pas pour lui per-
fonnellement tous les avantages qu'il pourroit
en tirer. Son âge, fa manière de vivre, fon
état, le mettent trop au-deffous de toutes efpérances de fortune ; mais il prétend à l'honneur
d'avoir enfeigné une chofe réellement utile, &
c'eft pour obtenir à jufte titre cet honneur, qu'il
a cru devoir ne rien diffimuler, en difant fidellement ce qu'il a obfervé ; c'eft-là le feul hom-
mage que l'honnête homme doit à lui-même
& au public.

F I N.

TABLE
DES MATIERES
Contenues dans ce Volume.

Fin de la Table des matières.

SUPPLEMENT

AU VOYAGE

DE GUAXACA,

CONTENANT *les lacunes recouvrées après l'impreſſion, indiquées aux pages* 68 & 146 *, la première par une note, & la seconde par deux lignes de points ; suivies de Notes, qui jetteront un plus grand jour sur plusieurs endroits de ce Voyage.*

PAR M. THIERY DE MENONVILLE, Avocat au Parlement, Botaniste de S. M. T. C.

AVERTISSEMENT.

LA description de Vera-Crux, commençant par ces mots : j'ai dit combien, &c. qui se trouve imprimée pag. 62, ligne 28 du premier volume, & tout ce qui suit, jusqu'au départ d'Orissava, page 68, ligne 15 du même volume doit être regardée comme très-imparfaite : le Lecteur voudra bien s'en tenir à celle-ci, infiniment plus satisfaisante, & à laquelle l'Auteur a porté toute son attention.

SUPPLÉMENT
AU VOYAGE DE GUAXACA.

CETTE ville est située dans le Golfe du Mexique, sur les bords de la mer, dans une plaine sablonneuse & stérile. Pas la

Description de Vera Crux,

moindre culture n'embellit ses dehors ; au
sud , des marais infects contribuent à la
rendre très-mal saine ; au nord , parmi des
sables arides , où tous les jours on pouroit
recueillir le sel concret , à leur surface est
le chemin du Mexique qui suit pendant
sept à huit lieues les bords de la mer. A
l'ouest , des dunes de sable apportées sur
les flots ne laissent voir que la sommité des
arbres les plus élevés.

A mesure que ce sable , amoncelé par les
vents de l'est & du nord , se dessèche , il
est de nouveau chassé par les mêmes vents,
& jetté en avant , soit dans la ville , au point
d'en couvrir toutes les maisons , soit dans
les terres , d'où provient l'enceinte des dunes
dont elle est formée. Les tourbillons de ce
sable qu'excitent quelques fois les vents du
nord , troublent souvent la vue , & coupent
la respiration.

Par delà cette plaine sablonneuse & les
montagnes qui l'environnent , on trouve des
bois remplis de bêtes sauvages , & des
prairies couvertes de troupeaux.

Vera-Crux est bâtie en demi cercle , dont
le grand diamétre qui a six ou sept cents toises , est le bord de la mer. Elle est ceinte
d'un simple mur ou parapet de six pieds de

haut, fur trois de large, furmonté d'une paliffade de pieux de bois de fer en mauvais état. Ce mur eft flanqué de diftance à autre de fix mauvais baftions, ou tours quarrées de douze pieds de haut, fur vingt de flanc ; quelques-unes terraffées, les autres vuides, fans foffés, ni contrefcarpe, ni aucuns dehors. Sur les bords de la mer au fud-eft, & au nord-oueft de la ville, font deux redoutes, ou pour mieux dire, deux baftions terraffés plus réguliers que les autres, avec un cavalier & quelques canons en batterie. l'entrée du port fe trouve couverte par le feu de ces deux baftions.

Toute la ville eft bâtie en pierre, à chaux & à fable, d'une excellente maçonnerie, le moëllon qu'on y emploie étant des madrepores tirés du fond de la mer ; quant à la pierre de taille on l'a tire de Campêche. M. l'Abbé Raynal, trompé fans doute par les Mémoires qu'on lui a fournis fur cette ville, a écrit qu'elle étoit bâtie en bois, mais je me fuis bien affuré du contraire par mes yeux, & les Ingénieurs à qui j'ai montré le paffage de l'hiftoire Philofophique, m'ont encore certifié qu'ils ne connoiffoient pas une feule maifon bâtie en bois dans toute la ville : on ne peut pas dire qu'elle ait été autrefois ainſi bâtie , & que c'eſt ce qui à trompé quelques voyageurs , car j'ai vu vingt maiſons de *Majorats* (1) tombées en rui- nes depuis plus de cinquante ans , & dont tous les murs ſont en maçonnerie ; mais j'imagine que ce qui les a induits dans une erreur ſi conſéquente , c'eſt la vue de ces balcons de bois , lourds & maſſifs , qui re- gnent tout au-tour des maiſons , comme à la Havanne , ce qui aura fixé d'abord leurs regards , & leur aura fait dire que les mai- ſons étoient de bois.

Elles ne ſont ni plus régulieres , ni plus élégantes , qu'à la Havanne , mais les rues y ſont plus vaſtes & mieux percées ; elles ſont alignées , parfaitement pavées en cail- loux , bien nivellées , & bien entretenues , ce qui contribue à leur propreté , & leur donne une meilleure grace.

Il n'y a d'édifices remarquables que les Égliſes ; ſemblables à celles de la Havanne , elles ſont ornées de beaucoup d'argenterie , comme les maiſons de porcelaines , & de meubles de la Chine : c'eſt là tout le luxe ,

---

(1) Biens nobles ſubſtitués de mâles en mâles à perpétuité.

& du reſte , la ſobriété des habitants eſt telle qu'ils ſe nourriſſent preſqu'uniquement de choçolat & de confitures.

Vera-Crux a trois portes , celle de Madelline , celle d'Oriſſava & celle de Mexico. Elle n'a pour habitants qu'une très-petite garniſon, les agents du gouvernement, les navigateurs & un certain nombre de négociants , ou plutôt de commiſſionnäires pour la vanille , l'anis & la cochenille, qui ne peuvent être exportés que par les gallions , le principal commerce des marchandiſes d'Europe ſe faiſant à Xalappa , excepté celui du fer que l'on vient charger à Vera-Crux ; tout cela peut former une population de ſept ou huit mille ames ; cependant , excepté le gouverneur , l'adminiſtrateur & les officiers de terre & de mer , il y a peu de monde à voir

Les hommes ſont généralement hauts & fiers , ſoit parce que tel eſt le caractere de la nation , ſoit que leurs richeſſes , dans un pays où l'or eſt d'un ſi grand prix (1) ,

---

(1) Il y a à Vera-Crux ſept à huit maiſons de commerce , dans chacune deſquelles on pourroit trouver un million de peſos-fortes.

A iij

leur ait fait afficher ce ton de fupériorité.
Ils entendent fort bien le commerce , mais
là, comme ailleurs, leur indolence naturelle
& leurs fuperftitions acquifes , leur donnent
pour le travail une averfion infurmontable.
On leur voit fans ceffe des chapelets , des
reliquaires aux bras & au col , leurs maifons font remplies de ftatues , & d'images
de faints , & ils paffent leur vie en pra-
tiques de dévotion.

Les femmes vivent retirées dans les ap-
partements d'en haut pour éviter la vue des
étrangers ; cependant il eft aifé de s'apercevoir qu'elles feroient plus acceffibles fi leurs
maris leur en laiffoient la liberté. Si elles
fortent , c'eft en voiture , comme je l'ai
remarqué à la Havanne , & celles qui n'en
ont point font couvertes d'une grande
mante de foie qui les enveloppe de la tête
aux pieds , & n'a qu'une petite ouverture,
du côté droit, par où elles voient à fe conduire. Dans l'intérieur des maifons , elles ne
portent fur leurs chemifes qu'un petit corfet
de foie lacé d'un trait d'or ou d'argent , &
tout l'art de leur coëffure confifte à porter
leurs cheveux noués d'un ruban au-deffus
de leurs têtes. Avec un ajuftement fi fimple,
elle ne laiffent pas d'avoir une chaîne d'or

au tour du col , des bracelets du même mé-
tal aux poignets , & les émeraudes les plus
précieuses aux oreilles ; tant il eſt vrai que
la mode & le goût du luxe ne connoiſſent
point de regle ! En général le ſexe n'eſt pas
beau dans cette Ville , avec les plus riches
parures , il manque de graces & de goût ,
& malgré ſa retenue apparente , il eſt très-
porté au libertinage.

Les ſeuls divertiſſements de ce ſéjour ſont
la neogerie , eſpece de caffé où les honnêtes
gens ſe raſſemblent pour prendre des glaces,
& quelques ſimulacres de courſe de taureaux
pour le bas peuple , à moins qu'on ne veuille
y comprendre les proceſſions & flagellàtions
de la ſemaine ſainte , temps auquel j'arrivai
à Vera-Crux.

Vingt fois pendant cette ſemaine le bruit
des chaînes me fit courir à ma fenêtre. Quel
triſte ſpectacle ! tantôt c'étoit un pénitent
habillé en femme, juppes & corps de tôile
de lin, couleur ardoiſe, les bras étendus &
attachés fixement dans une ſituation hori-
ſontale , le dos & les épaules chargés de
ſept vieilles épées , telles que celles qui ſervent d'enſeigne à nos fourbiſſeurs , & dont
les pointes raſſemblées dans un bourlet lui
portoient ſur le coccis , les pieds chargés

de chaînes & de boulons ; dans cet attirail,
le pénitent parcouroit à pas lents toute la
ville , & faisoit ses stations à chaque Église.

L'instant d'après se présentoit un autre
masque aussi habillé en femme , mais en
mousseline blanche , nu jusqu'à la ceinture,
un mouchoir sur le sein , les fers aux pieds,
mais les mains libres , tenant dans la gauche
un Crucifix , & dans la droite une rude dis-
cipline dont il se déchiroit les épaules de
cent pas , en cent pas ; on voyoit à chaque
coup le sang ruisseler sur ses reins & teindre
la belle juppe blanche falbalassée.

En huit jours j'ai compté plus de quatre-
vingts mascarades semblables.

Les processions ne sont pas plus agréables
à voir ; chaque chapelle a son Saint figuré
en cire , de grandeur naturelle , dont l'aspect
est effrayant , & qu'elle fait porter sur des
brancards par huit hommes qui se relayent ;
ils sont toujours habillés en femme , la juppe , le corset & le masque pareils : c'est-à-
dire , en toile de lin gris-ardoise. Ils tiennent cet emploi à tel honneur , qu'ils se
montrent tout le jour , même la veille &
le lendemain, dans ce ridicule accoutrement.

Parmi tant de processions , il en est une
qui merite d'être distinguée par son objet ,

elle a lieu à l'occasion d'une fondation de six mille piaftres deftinées à marier chaque année quatre jeunes filles pauvres & nubiles; mais par un abus trop ordinaire, le choix tombe aujourd'hui, à force d'intrigue, fouvent fur les plus aifées; & quelques fois fur des enfans de fept à huit ans; & tandis que l'intention des fondateurs de cette pieufe inftitution a été de foulager la mifere, & d'infpirer à ces nouvelles meres de famille l'efprit de religion & de modeftie qui leur convient, il femble que le but de la cérémonie foit de leur donner l'idée du luxe, & le goût de la frivolité; on les conduit à l'Églife dans des fuperbes voitures, couvertes de robes de drap d'or ou d'argent, de dentelles magnifiques, de perles & de diamans les plus riches, que les femmes opulentes fe font un plaifir de leur prêter, à l'envi les unes des autres. Un Écuyer, ou efpece de parrain, l'un des hommes les plus qualifiés de la ville, leur donne la main & les conduit comme en triomphe à la proceffion qui fuit la bénédiction. On fit durant mon féjour la proclamation de deux années, mais en vérité de huit élues il y en avoit fept dont je n'aurois pas voulu pour fervantes.

En face de Vera-Crux, à une diftance de

quatre cents toiſes , eſt un iſlet , ſur lequel
eſt bâti le château de Saint Jean-d'Ulloa ,
qui la couvre & la défend par le ſeu de
ſes batteries : ce fort , long - temps après
ſa premiere conſtruction , a été renforcé
par des fortifications plus régulieres ; c'eſt
un quarré long , compoſé de quatre grands
baſtions & de trois demi-lunes , avec contreſ-
carpe , foſſés , chemin couvert , paliſſades &
glacis , du ſud-oueſt à l'oueſt-nord-oueſt , où
l'iſlet , qui s'accroit de jour en jour , accumule
des ſables , des coquillages & des madrepores ; au ſud , le port forme un foſſé bien
ſuffiſant , puiſque la Capitane mouille à un
demi cable du rempart , qui a trente-cinq à
quarante pieds de haut. Néanmoins , pour empêcher le débarquement & l'approche des
canots à couvert du canon , on fraizoit toute
la courtine qui eſt nue , ainſi que les flancs
des deux baſtions qui ſont ſur le port , de
pieux d'un bois dur & noir comme l'ébene ,
qui , éguiſés & ſortant d'un pied & demi au-
deſſus de l'eau , empêcheront d'approcher
plus près , qu'à la portée de la mouſquetterie.

Il y a trois cents pieces de canon , depuis
douze , juſqu'à trente-ſix livres de balles. La
place n'eſt cependant pas imprenable , malgré
les réſcifs qui la bordent d'un côté , & le

fort qui la défend de l'autre , & j'ai été confirmé dans cette opinion par un coup d'œil échappé à un Ingénieur François avec qui je conferois fur ce fujet. Tout en foutenant la place imprenable , il jettoit les yeux vers le fud-eft, où fe trouve en effet une paffe beaucoup plus courte que la principale , & dans laquelle les vaiffeaux affaillans ne feroient pas expofés fi long-temps à l'artillerie des ouvrages qui couronnent le fort du fud-eft, au nord-oueft , & pourroient même mouiller fous la courtine, refte des anciennes fortifications , ouvrage fort élevé , & dont le feu deviendroit par cette raifon inutile.

Une tour quarrée de la hauteur de foixante pieds au-deffus du rempart , ou baftion du fud-eft, domine la ville , le port , toute la rade, & les environs , & fert à faire les fignaux qui font répétés par la Capitane de port. J'y fuis monté ; au premier étage eft une terraffe fur laquelle eft établie une batterie de quatre pieces de bronze de vingt-quatre livres de balles , avec un corps de garde de dix hommes ; au dernier étage eft une fentinelle qui eft relevée toutes les demi-heures , elle donne avis de ce qu'elle voit , & c'eft d'après cet avis, vérifié par le caporal , que celui-ci ordonne les fignaux ; il n'y avoit alors qu'un bataillon en garnison , avec une compagnie d'artillerie , & environ mille forçats employés aux travaux du Roi.

Le port de Vera-Crux est fermé par ce château , & l'islet sur lequel il est bâti. Quarante à soixante vaisseaux de guerre , & cent marchands, peuvent y mouiller sur quatre , & dix brasses. Les rescifs qui l'environnent depuis l'isle des Sacrifices au sud-est & au nord-est, rompent le flot, & on y est en sûreté par tous ces vents. Mais depuis le nord-est, jusqu'à l'ouest-nord-ouest, la plage est ouverte, & les nords, sur-tout, qui sont terribles, ont souvent déradé des navires, & les ont jettés à la côte. C'est pourtant dans cette rade, la seule au reste de tout le Golfe , qu'arrivent tous les approvisionnements du Mexique , & c'est d'elle que partent pour l'Europe les métaux & denrées donnés en échange par ces vastes contrées.

Vue du côté du château , la Ville a une très-jolie apparence. Elle a au sud une prairie naturelle qui sert de promenade , excepté dans la saison des pluies , car alors elle est inondée par un ruisseau qui forme un marais à huit cents toises de la ville , & lui fournit de l'eau ; mais comme ce n'est point une source vive , mais seulement la filtration

des eaux des dunes voifines , qui fe raffem-
blent dans un étang marécageux , ces eaux
ne font ni fraîches, ni agréables , & on leur
préfere celle des citernes du château. Cependant dans le temps de fec , ce qui forme
les trois quarts de l'année , la filtration fe
fait à une plus grande profondeur , & l'on
conduit ces eaux à la ville par un aqueduc
en maçonnerie.

Quoique le ruiffeau ait peu d'eau , il ne
laiffe pas de nourrir des Caïmants de fept à
huit pieds de long , j'en ai reconnu plufieurs
fois la pifte , & j'en ai vu même plonger dans
le marais , mais ils ne font pas dangereux.

Vera-Crux n'a qu'un très-petit fauxbourg
au fud-eft, où font deux chapelles , des jeux
de boule & quelques jardins , mais les jardins y font fans culture & fans ornemens :
quelques ciroueillers , quelques choux pal-
miftes, quelques cocotiers, font tous les arbres
utiles : un bombax à fleurs rouges , des *melias*
& des *plumerias* rouges , jaunes & blancs y
font les feuls arbres agréables : cela rend la
ville fi trifte, & lui donne un afpeƈt fi ftérile,
que fans la prairie du fud, qui fert de rendez-vous aux carroffes , & dont la verdure
recrée la vue , Vera-Crux feroit le féjour le
plus ennuyeux de l'univers. Heureufement

aussi la nature peu brillante dans le regne végétal, a-t'elle paré le regne animal de toutes ses richesses ; la ville & les campagnes sont peuplées d'oiseaux, dont les couleurs & le chant rejouissent l'oreille & les yeux, le plus agréablement du monde ; les rues de Vera-Crux sont peuplées d'une foule innombrable de trois especes de pies, parfaitement noires ; la plus petite est aussi grosse, aussi semillante, aussi nombreuse, mais moins bruyante & moins incommode que nos moineaux de France ; la seconde est de la grandeur & de la couleur de nos merles, la ressemblance est à s'y tromper ; la troisieme est celle que l'on nomme dans nos colonies *bouts de tabac* c'est une espece de perroquet. Toutes ces especes sont extrêmement familieres & divertissantes par leurs mouvements divers : elles n'attaquent point les semences des plantes, & ne vivent que d'insectes & de fientes de chevaux, de mulets, &c. Au-dessus de ces trois especes est celle du *vieltur aura* si bien décrite par M. Jaquin ; le nom de cet animal semble inspirer la terreur, cependant c'est le plus lâche & le plus stupide des oiseaux de proie, & il n'attaque rien de ce qui a vie ; il est de la taille d'un poulet d'Inde, il lui ressemble singulierement

par sa couleur brune & sa tête nue, couverte
d'une peau presque caronculée, & n'a qu'autant de courage qu'il en faut pour voler, &
emporter un morceau dans les cuisines, qui
sont presque toujours ouvertes & à plein
air : pour y parvenir, il se met en vedette
jusqu'à ce qu'il ne voye plus personne ; alors
il entre d'un vol rapide & leger par une
porte, ou une fenêtre, & sort par l'autre, en
enlevant le morceau qu'il aura trouvé à sa
portée. Son domaine le plus assuré & le plus
abondant est dans les égouts, les boucheries
& la campagne ; on le voit quelque fois par-
tager la chair d'un mulet mort, avec les
chiens, quand ceux-ci ne sont pas trop affa-
més, & veulent bien souffrir le partage ; le
Tropillot (c'est le nom que les Indiens
donnent à notre Vautour) mange sans cesse,
& quand il est rassasié il dort sur la cha-
rogne, ou à côté, & ne la quitte que lorsqu'il ne reste que les os. Il m'est arrivé de
voir le matin un mulet mort dans un chemin, & de n'en retrouver le soir que le
squelette, cependant je n'avois pas vu sur le
sable la moindre trace d'un chien, il n'avoit
donc pu être que la proie des Vautours :
cet animal est si familier, qu'à peine se dé-
tourne-t-il de votre chemin, mais il est si

peureux, que quand il eſt pris, il vomit à l'inſ-
tant : c'eſt une reſſource pour ſon ennemie
la Fregate, eſpece de Pélican.

Le Tropillot ſe prend facilement, & s'é-
leve peu de terre, & l'odeur d'un morceau
de viande ſemble lui ôter la force de
ſuir : ſi cependant on le pourſuit, tout ce
qu'il peut faire, eſt de ſe réſoudre à courir,
& on l'attrape aiſément à la courſe : les cui-
ſiniers & les enfans en font alors leur jouet ;
on attache fortement à ſes aîles un grelot,
une veſſie, ou un grand ruban, & on le
relache, car les Eſpagnols ne ſont pas deſ-
tructeurs comme nous, & ſi Vera - Crux
étoit peuplé de François, on n'y verroit bientôt plus d'oiſeaux ; ceux-ci ſemblent avoir
pris des Eſpagnols le *tomar ſol*. Il faut
les voir aux premiers rayons du ſoleil, au
haut d'un arbre, ou d'un clocher, étendre
ſucceſſivement & ſimultanement leurs aîles,
reſter quelque temps dans cette attitude pour
ſe réchauffer, s'élever enſuite à midi, pla-
ner en troupe ſur la ville, & cacher pour
ainſi dire le ciel à tous les yeux.

Sur les bords de la mer, plane ſans ceſſe
une eſpece de Larut, qui a le port & le vol
de la beccaſſine, mais de moitié plus petite,
& d'une couleur gris cendré & bleu ; qu'un

temporal approche , qu'un requin chaffe dans le port, des milliers de poiffons moindres que nos Goujons fe jettent hors de l'eau , & vont tomber à fec fur le rivage ; c'eft alors qu'il fait beau voir le Lavus plonger avec la rapidité de l'éclair , fe relever de même, & continuer cet exercice pendant plus d'un quart d'heure : j'ai eu la curiofité de compter le nombre des irruptions d'un feul de ces oifillons , & j'en ai compté quatre-vingts en fept minutes ; il eft vrai que fa trop grande pétulance lui fait le plus fouvent manquer fa proie : où il fe montre plus adroit , c'eft à enlever les poiffons fans mettre fon corps entierement dans l'eau.

Les Onocrates qui font les *tantalus de Linnée* & le grand gofier qui eft fon Pelican, une troupe de fou & de Canards de toute efpece , font fur les bouées & les beaupré des navires qui font dans le port.

Dans les terres, une foule de Platalées, trois à quatre fortes de Cigognes, autant d'efpeces de Plongeons & de Poules d'eau, des Becaffines plus grandes du double que les nôtres, peuplent les ruiffeaux & les marais (1).

____

(2) Malgré la richeffe de ces oifeaux, on m'a affuré

B

Les prairies font couvertes d'une efpece d'Étourneau parfaitement noir , avec les épaules & la moitié des ailes couleur de fang.

Sur les hayes & les buiffons, les Ciris mâles & femelles paroiffent former trois efpeces également rares ; le mâle par la beauté des couleurs qu'il raffemble fur fon plumage, & la femelle par l'habit bleu qu'elle porte en été , & le manteau gris dont elle fe couvre en hyver ; le Cardinal d'un rouge plus pur & plus brillant que celui de la Louifiane dont le ramage n'eft à la vérité ni fi favant, ni fi varié que celui du Roffignol , mais qui a le timbre auffi éclatant & auffi fier ; une Alouette de la grandeur & de la couleur du Loriot , mais plus belle & chantant mieux que la nôtre ; des Toucans dont le bec chamarré de jaune & de noir eft plus long que tout leur corps , depuis la tête jufqu'à la queue ; des Trochiles de toutes les couleurs & de toutes les grandeurs , l'un s'élevant en l'air & chantant comme notre Alouette ,

____

que le pays de Tabafco, au fud de Vera-Crux, l'emportoit infiniment dans ce genre par la variété & la beauté.

ayant la tête & le ventre, qu'il préſente toujours aux ſpectateurs , d'une couleur écar-
late ; un autre du plus beau bleu céleſte.

Dans les bois une eſpece de Perdrix ,
grande comme nos Pintades, & chamarrée à
peu près de même ; une autre eſpece qui
n'eſt pas plus groſſe que nos Cailles ; des
Crax de deux eſpeces à crête & jabot, couleur de cire , auſſi grands que nos poulets
d'Inde , vrais morceaux de Roi ; de petites Peruches vertes , de la taille de nos
Moineaux ; des Aras ou Arara-Caugas ; des
Perroquets-Amazones, verds & jaunes ; quatre eſpeces de Tourterelles , au rang deſquelles eſt celle que les Colons de Saint-
Domingue appellent *ortolans*.

Dans les forêts , quantité de Vaches & de
Taureaux preſque ſauvages ; une eſpece de
Lapin plus petite que la nôtre, mais encore
plus nombreuſe ; une eſpece de Biches &
de Cerfs de deux pieds de haut , ſi commune , que la chair s'en vend au marché
trois réales ſeulement la livre ; beaucoup de
Tortues de terre ; des Crabes gros comme
la tête , qui penêtrent dans les maiſons &
montent juſqu'au grénier ; une autre eſpece
rouge , & qui, ſi on l'approche, au lieu de
fuir , ſe dreſſe ſur deux pattes & étend les

autres ; une forte d'Ecureuil brun , parfaitement cendré & plus grand que le nôtre ;
des Iguans ou Lezards de deux pieds de long
& de dix pouces de circonférence , morceau
exquis pour ceux qui n'ont point de maladies
vénériennes.

Dans la mer enfin , le poiffon le plus délicieux , & au plus bas prix.

Telles font les richeffes que j'ai remar-
quées dans cette terre , où je ne fuis refté
qu'une faifon , & où par cette raifon & par
celle des affaires importantes qui m'y appel-
loient , je n'ai pu en voir davantage : tels
font les objets dignes de la curiofité d'un
naturalifte , & faits pour rendre intéreffant
le féjour de Vera-Crux.

Quoique le Général m'ait affuré que le
pays avoit des ferpens à fonnettes , je n'en
ai vu ni dans les bois , ni dans les marais ,
mais les Maringouins, les Mouftiques & les
Karapattes vous affiegent de toutes parts ;
ayez le malheur de frotter avec vos habits
une branche d'arbre , de buiffon ou quelques herbes, vous en êtes à l'inftant couvert;
la robe du Centaure Neffus, ce fatal préfent
de Déjanire , n'eut pas un effet plus prompt
& plus cruel que l'affreufe démangeaifon
qu'excite la morfure de cet infecte , qui pé-

nêtre à l'inftant à travers la laine & la foie ;
les Efpagnols n'ont pu s'en garantir qu'avec
des pantalons de cuir d'Oriffava qu'ils mettent encore dans des bottes, & ils ne fe ha-
fardent à paffer les bois que dans les grandes
routes. Ce qu'il y a de fingulier, c'eft que
cette efpece de teigne ou poux de bois n'eft
habituée que fur les bords de la mer ; on
n'en trouve plus dans les terres à dix lieues
de Vera-Crux ; j'ai eu d'abord beaucoup à
en fouffrir. Trois ou quatre fois dans mes
courfes botaniques j'étois obligé de me dé-
chauffer cuiffes & jambes, & de les racler
avec un couteau pour en enlever la plus
grande partie ; arrivé au logis, je me dépouil-
lois promptement & je jettois toutes mes
hardes dans l'eau, & j'en avois pour deux
heures à me laver & à m'éplucher avec un
canif ; c'eft un vrai fleau pour un botanifte,
c'eft le dragon multiplié à l'infini du jardin
des Hefpérides.

Il y avoit un mois & demi que j'étois à
Vera-Crux, & ce temps ne m'auroit pas
paru long, fi je n'avois pas nourri au fond
de mon ame un défir impatient de pénetrer
plus loin, & d'arriver enfin au comble de
mes vœux fecrets.

Tout ce délai ne fut cependant pas perdu

pour mes deſſeins, je prêtois l'oreille à tout; je faiſois quelques queſtions, mais d'une maniere indifférente, & ſans paroître y mettre d'autre intérêt que la ſimple curioſité; ainſi je vins à bout, ſans la moindre indiſcrétion, de concevoir comment je pourrois mettre à fin mon entrepriſe.

Un jour que je faiſois à M. de Ferſen le tableau de la richeſſe de nos cultures & du commerce de nos Colonies, il me demanda ſi nous avions de la Cochenille; je lui répondis indifféremment que oui; eh! quoi, répondit-il, avec une ſorte d'étonnement mêlé de dépit: les François veulent-ils donc nous ôter cette branche de commerce? Pourquoi non, lui dis-je, en raillant! Vous croyez-vous des êtres privilégiés qui méritiez ſeuls ce beau préſent de la nature? Dans quel quartier de Saint-Domingue la cultive-t-on? Au fond des Negres, dis-je, avec aſſurance: car ayant déjà commencé à mentir, je ne crus pas devoir tergiverſer; je ne croyois pas ſi bien dire, au moins pour l'exiſtence de la Cochenille, & je ne me doutois gueres alors qu'il y eût de la Cochenille-Silveſtre au Mole Saint-Nicolas, mais je voulois me ménager des reſſources contre la ſurpriſe & la défiance, ſi jamais on me voyoit en emporter.

Une autre fois le Major de la flotte, qui m'avoit toujours promis de me faire voir de la Cochenille aux environs de Vera-Crux, me mena à la promenade de la prairie, & plein de confiance dans ses rares lumieres, il me montra sur un cacte que les Espagnols appellent *tunas* pour de la Cochenille, une espece de chenille enveloppée de coton blanc, qui n'est autre chose que le ver du phalêne destructeur du précieux insecte dont j'ai eu depuis tant de peine à purger mes Nopals; je lui niai absolument que ce fût là de la Cochenille, & cette mal-adresse du précepteur m'entraîna dans une erreur toute opposée, ce fut de me persuader, contre la vérité, qu'il n'y avoit point de Cochenille aux environs de Vera-Crux, & de m'ôter l'idée de pousser plus loin ma recherche.

Le Major ne manqua pas sans doute de raconter à D. Ulloa ce qui s'étoit passé à cette promenade, car le lendemain étant allé dîner chez ce Général, il me demanda si je n'avois pas vu la veille de la Cochenille: je soupçonnai dans cette question quelque piège, d'autant mieux que je crus m'appercevoir qu'il me regardoit dans la glace d'une toilette devant laquelle il se faisoit accommoder, & certes, si cela est, mon trouble n'a pu lui échapper ; j'essayai cependant de mieux composer mon visage , je lui dis que ce que j'avois vu n'étoit point de la Cochenille mais un ver , que les vers étoient apodes , & que celui qu'on m'avoit montré avoit le corps alongé & cylindrique , que la Cochenille au contraire avoit des pattes & un corps hémisphérique , ou qu'il falloit jeter au feu Linneus, Pierre Gaza & Hernandez , naturalistes Espagnols , qui tous l'avoient décrite de cette maniere.

Echappé de ce danger je me vis prêt à tomber dans un autre : pendant le dîner le Général de la flotte m'offrit de me faire agréer par le Vice-Roi du Mexique, en qualité de botaniste, pour servir sur une flotte que l'on devoit équiper à Acapuleo pour faire des découvertes au nord-ouest de la Californie ; il me promettoit de me faire obtenir un brevet du Roi d'Espagne avec deux mille piastres d'appointements & mille une fois payées pour mon porte-manteau ; il se faisoit fort de tout cela , & me proposoit de me présenter incessamment au Vice-Roi à Mexico, où il devoit se rendre ; ainsi je ne pouvois manquer d'appartenir à un Monarque à titre de botaniste : je ne me laissai point éblouir par tant d'avantages , celui de servir ma Patrie , l'espoir de

lui être utile me prémunissoit contre les
offres séduisantes de D. Ulloa. Je le remerciai
cependant sans affectation & dans dédain ; il
me pressa , mais je lui répondis que n'ayant
éprouvé ni tort, ni injustice dans ma Patrie,
je ne me croyois pas en droit de la quitter ,
& qu'étant né sujet du Roi de France, je ne
pouvois , sans sa permission du moins, vendre
mes services à un autre Prince ; j'ajoutai
que d'ailleurs je n'avois fait aucune disposition relative à une semblable entreprise , &
que je ne pouvois me résoudre à jetter une
famille entiere & un pere dont j'étois ten-
drement aimé dans le chagrin de ne savoir
ce que j'étois devenu , ou ce que je devien-
drois ; enfin voyant qu'il insistoit avec plus
de chaleur encore , je cherchai & je parvins
à détourner la conversation sur d'autres
objets.

Elle tomba sur l'herbe du Paraguai , je
ne pus rien comprendre à la description
qu'on m'en donna , sinon que c'étoit la feuille
d'un arbre. Je demandai malignement au Général , si vu l'excessive consommation de cette
herbe il n'y avoit pas d'impôt sur sa vente ;
il me répondit en riant , que cela venoit ,
& voulant toujours remettre la Cochenille
sur le tapis, il ajouta que la vente de la

Cochenille au Mexique alloit être affermée ;
ce feul mot me fit treffaillir , mais j'étois
déformais fur mes gardes.

Je ne fais fi le Général me gardoit quelque rancune , mais quelques jours après il
affecta de parler de la botanique , avec le
plus grand mépris ; il ne concevoit pas comment on pouvoit faire des collections de
plantes , & s'il avoit eu le plus bel herbier
de l'univers , il n'auroit pas fait difficulté
de le jetter au feu. Surpris d'une fi brufque
incartade , je le regardai attentivement & je
lui répondis avec feu : que quant à moi
j'avois le malheur de n'entendre rien aux
mathématiques , à l'aftronomie , à la marine ,
mais que s'il me tomboit entre les mains un
livre qui traitât de quelqu'une de ces fcien-
ces , loin de le jetter au feu , je le con-
ferverois précieufement pour mes enfans , ou
pour quelqu'autre qui fauroit mieux l'apprécier que moi ; je ne vis point que Dom
Ulloa fut offenfé de la fermeté de cette
réponfe , & j'ai remarqué en général que
l'Efpagnol , quoique naturellement fier &
orgueilleux , méprife ceux qui n'ont pas le
courage de penfer , ou de s'exprimer avec
la hardieffe ou la fermeté convenables. Je dûs
cependant tirer de cette aventure une con-

féquence affez affligeante, c'eft que le Général, quoique d'ailleurs je n'euffe encore
eu qu'à m'en louer, n'avoit pour moi,
ni toute l'eftime, ni toute la confiance que je
pouvois défirer de lui infpirer, & que je ne
devois moi-même compter fur lui, qu'avec
beaucoup de réferve.

J'étois encore moins raffuré, lorfque je
me rappellois le propos d'un Capitaine de
haut-bord, qui, dînant un jour chez le
général, avoua naturellement, qu'étant lieutenant de vaiffeau, il avoit été donné avec
un autre de fes camarades pour compagnon
de voyage à l'abbé Chappe, dans fa route
de Vera-Crux à Mexico, en apparence pour
lui faire honneur, mais dans la vérité pour
l'obferver, & l'empêcher de vifiter les ouvrages de la fortereffe de Pirotté, près de
Xallappa, à laquelle on travailloit : je con-
cluois delà, qu'à plus forte raifon, moi
qui étois venu fans paffe-port de la Cour,
j'avois auffi mes efpions ; ce ne pouvoit être
que mes ingénieurs, je ne les voyois pas
fans inquiétude obferver tout, & fureter
par tout dans ma chambre : cependant lorfque je réfléchiffois que je n'avois confié mon
deffein à perfonne, qu'aucun de mes papiers
ne pouvoit me trahir, je me raffurois un

peu ; je paſſois même des moments aſſez agréables avec mes eſpions, je les voyois ſouvent, & leur témoignois toujours beaucoup d'attachement & de confiance.

Ils me parlerent beaucoup de l'abbé Chappe-de-Haute-Roche ; ils avoient fait des obſervations ſimultanées & correſpondantes dans la Sonore, pendant l'expédition que l'on y fit contre les ſauvages, tandis qu'il obſervoit en Californie le paſſage de Venus ſur le diſque du ſoleil.

La venue des ſavants dans ce triſte pays eſt ſi remarquable, elle y cauſe tant d'admiration, qu'elle ſe conſerve dans la mémoire par tradition, & y fait époque comme l'apparition des corps céleſtes qu'ils y viennent obſerver. Un Marquis Péruvien, que je rencontrai à la Havanne, ne juroit que par M. de la Condamine ; il étoit dans la vérité généralement aimé & regretté des Péruviens ; mais D. Ulloa n'attribuoit pas cela à des mérites qui puſſent lui faire beaucoup d'honneur, il me dit que c'étoit un *Jocoſo*, un homme à bons mots, qui flattoit les Péruviens juſqu'à l'adulation, pour capter leur amitié & s'attirer de la conſidération, qu'au fond c'étoit un eſprit fou, plein de toutes ſortes de prétentions & ſa-

crifiant tout au défir de la gloire ; il m'a-
jouta qu'il avoit eu la petiteffe de fe faire
donner par M. de Juffieu les régles d'une
defcription botanique, à l'aide de laquelle
il avoit décrit le Quina, & privé M. de
Juffieu de l'honneur de cette découverte,
qui étoit de fon diftrict.

Je faifis cette occafion de m'affurer de la
vérité du récit que fait M. de la Condamine
du meurtre de Segniergues, fur lequel j'avois
toujours eu quelque doute, je queftionnai beaucoup D. Ulloa fur ce fait ; voici ce qu'il me dit :
Segniergues s'amouracha d'une bourgeoife
avec laquelle l'Alcade du lieu avoit une pro-
meffe de mariage, il fut aimé & beaucoup ;
mais tant d'amour ayant épuifé fa paffion, il
crut ne pouvoir mieux témoigner fa recon-
noiffance à fa maîtreffe, qu'en cherchant à
renouer fon mariage avec l'Alcade ; les Efpagnols font au moins auffi délicats fur ce
point, que les François ; l'Alcade ne voulut plus en entendre parler, Segniergues
voulut y employer la violence *inde iræ*.
Pour fon malheur, Segniergues vint à un
combat de taureaux, dans la loge où étoit
fa maîtreffe, au moment où le fpectacle
alloit commencer, & où l'Alcade donnoit
des ordres pour faire fortir de l'aréne tous

les masques. Le pere de la maîtresse de Segniergues s'étant obstiné à rester, reçut quelques bourades, il cria ; sa fille de la loge
où elle étoit, ayant distingué sa voix, c'est
mon pere qu'on maltraite, s'écria-t'elle en
se tordant les mains, & avec tous les si-
gnes de la désolation . . . à ces mots, Segniergues, en vrai D. Quichotte, s'élança
l'épée à la main dans la recousse, il veut se
faire jour, il pousse d'estoc & de taille, le
nombre des Alguasils augmente, le peuple
s'attroupe, le trouble s'accroît, & dans ce
tumulte, quoique l'Alcade ne donnât d'autres ordres que d'arrêter Segniergues, il fut
assommé. Il n'y a dans cette aventure rien
que de vraisemblable & de fondé sur la pé-
tulence de nos François, & sur la jactance
d'un chirurgien, qui, ébloui par les plus
heureux débuts, & les plus brillans succès,
s'imaginoit être en droit de donner le tort
aux Péruviens, jusques dans leurs propres
foyers. D. Ulloa m'assura qu'au reste il n'y
avoit que M. de la Condamine qui fut capable de suivre le procès qui survint à cette
occasion. Il me raconta aussi l'aventure de la
mauvaise nuit passée sur le Pichinca, par
M. de la Condamine, qui par gloriole s'étoit
séparé de la bande, & enfin égaré, & com-

me il le railla le matin, quand il arriva au rendez-vous, tranfi, mouillé, morfondu, & mourant de faim, en lui difant, eh ! bien M. de la Condamine, voilà une belle & ample matiere pour votre journal.

Une autre fois la converfation tomba fur la duchefse de Pompadour, qu'il avoit connue en France ; à la maniere affectueufe dont il m'en parla, j'imaginai qu'il devoit à fon crédit les graces qu'il avoit obtenues en Efpagne.

Mais ce qui m'interrefsa davantage, ce fut ce qu'il me dit touchant l'affaire de la Nouvelle Orléans ; quoiqu'il put me paroître intérefsé à me raconter les faits d'une maniere toute différente de celle dont quelques enthoufiaftes en ont parlé, la naïveté avec laquelle il me rapporta les indignes traitements qu'il eut à efsuyer, le peu d'intérêt & de vivacité qu'il mit dans fes récits me perfuaderent que la révolution ne fut, comme il me l'afsuroit, que le fruit de l'inconduite & de l'imprudence, & qu'elle fut foufflée & attifée par la cupidité des principaux adminiftrateurs de cette Colonie. La vengeance que les Efpagnols en tirerent ne fut pas accordée feulement aux plaintes de D. Ulloa, elle ne fut que la punition de

ce qu'on regardoit comme le crime de re-
bellion, & qu'un autre peuple auroit peut-
être étendue fur un plus grand nombre de
coupables. Le Général convenoit que le
peuple avoit eu un jufte chagrin de fe voir
aliéné par Louis XV, mais il demandoit fi
lui, Gouverneur, étoit la caufe de ce chagrin, ce qu'il y pouvoit, & qu'y pouvoit
le Roi d'Efpagne lui-même, affez peu fatis-
fait d'être obligé de fe contenter d'un fi foible dédommagement; ce n'étoit, ajoutoit-
il, que le malheur des circonftances qu'il
falloit accufer, on devoit fe foumettre à la
loi de la néceffité, & fur-tout à celle d'un
Roi puiffant, qui après tout ne la leur a jamais rendue ni dure, ni amere. J'ai entendu
beaucoup crier contre D. Ulloa, cependant
tous les fujets de mécontentement fe ré-
duifoient à l'accufer d'une familiarité baffe
dans fa conduite, & d'une vile mefquine-
rie dans fon domeftique; mais on n'a jamais
pu le taxer juftement d'aucune injuftice, ni
d'aucune cruauté, il fut réellement le foli-
veau de la fable, fon extrême patience le fit
méprifer & chaffer; Orelly vint, qui fut
la Cigogne.

Quelque plaifir que je priffe à ces récits
du Général, je ne perdois pas de vue mon
objet

objet ; je voyois souvent D. Athenas, &
D. Lobo, deux Négocians Espagnols, &
je ne les voyois aussi assidûment que parce
que j'étois plus dans le cas d'y entendre
parler de choses relatives à mes desseins.

Un jour que j'étois chez le premier, avec
mon Ingénieur Français, je le vis examiner
des paquets de vanille ; je demandai, sans
affectation, d'où on l'a tiroit : on me
répondit qu'elle venoit de Guadalajara, à
soixante lieues delà, ou de Guaxaca, qui
en étoit à cent, & que c'étoient les Indiens
qui l'y cultivoient : ils parlerent ensuite de la
cochenille : ce n'étoit pas moi, comme l'on
pense bien, qui avois amené ce sujet de
conversation, mais j'en profitai ; j'appris que
la cochenille que l'on tiroit de Guaxaca,
étoit plus belle que celle de Tlascala, ou de
Guadalajara, cela me décida tout de suite
à me rendre préférablement à Guaxaca ; j'en
avois deux autres raisons également décisi-
ves : la premiere, que dans un pays de
pleine culture, je m'instruirois beaucoup
mieux qu'ailleurs de tout ce qui concernoit
la cochenille ; la seconde, parce que cette
route n'étant pas si fréquentée que celle de
Mexico, qui étoit celle de Tlascala & de
Guadalajara, il me seroit plus facile de m'y

C

dérober aux voleurs & aux curieux. Il est certain, en effet, que résolu comme j'étois de faire le voyage, quand même je n'aurois pas obtenu de passeport, & en dépit de tous les Vices-Rois du monde, j'avois bien moins à craindre d'être découvert dans la route de Guaxaca, où l'on ne me soupçonneroit pas, que dans celle de Mexico, la seule ville digne d'être vue; la seule pour laquelle j'eusse demandé un passeport, où l'on me feroit chercher sur le moindre indice de départ.

Ainsi bien résolu, si j'obtenois un passe-port pour Mexico de n'en faire usage que pour Guaxaca, dont j'avois appris assez adroitement la route d'un Français qui avoit servi l'ancien Vice-Roi, j'attendois avec impatience une réponse aux trois mémoires que j'avois adressés successivement au Vice-Roi du Mexique, pour obtenir ce passeport si désiré (1), & n'allois plus gueres chez D. Ulloa que pour en savoir de nouvelles.

Enfin le mercredi trente Mai, il m'an-

____

(1) Les Espagnols eux-mêmes de quelque partie du monde qu'ils arrivent à Vera-Crux, ne peuvent en sortir pour entrer au Mexique, sans un passeport du Vice-Roi.

nonça très-froidement avant le dîner qu'il
avoit reçu la réponse de D. Bukarelly (1),
& qu'il lui marquoit nettement ne pouvoir
m'accorder de passeport, vu ma qualité
d'étranger qui m'interdisoit l'entrée du fameux *Reino*, à moins que je n'eusse des
ordres particuliers de la Cour d'Espagne. Je
reçus ce coup avec une sensibilité bien moindre en apparence, que celle que j'éprouvois
intérieurement, & je dînai véritablement
fort mal, quoique je mangeasse beaucoup
sans m'en apercevoir: le Général ne manqua
pas de me demander ce que j'allois faire ; je
feignis d'être tout consolé & résolu à demander ces passeports en France & à les
attendre à vera-Crux, ou à les aller chercher
moi-même si l'on me congédioit ; mais j'avois
déjà pris mon parti dans la supposition de ce
qui m'arrivoit. Comme Dom Ulloa étoit
brouillé avec le Gouverneur, je pensai assez
justement que celui-ci n'auroit point connoissance du refus du Vice-Roi, & je me
décidai à lui demander un passeport particu-

---

(1) Quelque déplaisant qu'ait toujours été pour moi
le nom de ce Seigneur, je le donne ici pour de bornes
raisons qu'on pourra sentir: on l'appelloit *Excellentissimis
Senor Beato Fraile D. Antonio Bukarelli y ur sua teniente
General de Lor Reinor de Nueba Espaniana.*

lier pour Orissava qui étoit dans son dis-
trict, & à environ quarante lieues de Vera-
Crux. A l'aide de ce passeport, auquel je me
proposois de donner une petite extension de
soixante lieues, j'esperois me glisser jusqu'à
Guaxaca; mais mon ame s'avouoit à peine
ce vœu secret; à combien plus forte raison
le dissimulois-je à tout autre.

Je vais donc trouver M. de Fersen, &
lui taisant le refus que je venois d'essuyer,
je lui peins l'impatience que j'avois d'aller
au Mexique, mais en même-temps le dégoût
de tant de lenteurs, & je lui avoue que je
me croirois fort heureux si j'obtenois seulement la permission d'aller herboriser sur le
volcan d'Orissava : il m'interompt & s'offre
de la meilleure grace du monde à l'aller sol-
liciter lui-même du Gouverneur ; je saute à
son cou, je l'embrasse avec affection & lui
fais porter le soir, pour lui exprimer ma
gratitude, quelques livres qu'il m'avoit paru
désirer.

Je le revis le lendemain, il avoit dîné
chez le Gouverneur, & avoit obtenu le
passeport. Le samedi il me l'apporta bien
conditionné ; je lui cachai la plus grande
partie de mes transports de peur qu'il re-
connut toute l'importance que j'attachois à

ce papier & qu'il n'en recherchât les motifs.

Le lendemain dimanche se passa en préparatifs, & je dînai chez le Général pour qu'il ne soupçonnât rien de mes projets.

Le lundi je devois louer des chevaux & partir le lendemain mardi. Ce jour même, ce fatal lundi, je me leve avec une joie traîtresse & une gaieté que je ne m'étois jamais sentie ; je vais chez M. de Fersen chercher des lettres de recommandation pour Orissava ; j'y dejeûne & je rentre chez moi où je m'occupe à faire mes préparatifs.

Tout-à-coup je vois entrer dans ma chambre un homme en habit bleu, la cocarde rouge ; il étoit tout essouflé & avoit l'air furieux, égaré, son regard étoit sombre & sinistre ; dès qu'il peut parler, il s'annonce pour le Secrétaire du Gouverneur, & m'ordonne en Castillan, de par le Roi, de lui remettre le passeport que le Gouverneur avoit confié à M. de Fersen. Ces mots, que je ne compris que trop, furent pour moi un coup de foudre dont je fus terrassé ! Je rougis, je pâlis, & je crus devoir, pour avoir le temps de me remettre, feindre de ne rien entendre à ce qu'il me disoit, mais il me répéta tant de fois & si distinctement, *el papel que el senor gobernador intreguo al senor D. Francisco de Ferſen*, qu'il ne me parut plus qu'il y eût moyen de faire la ſourde oreille : alors changeant tout-à-coup de viſage & affectant un air gai & gracieux, comme ſi je commençois à le comprendre, je lui dis que je ſuis incapable d'abuſer des graces du Seigneur-Gouverneur, & je lui remets le *papel* ſi déſiré, en le priant de lui préſenter mes reſpects & mes remercîmens.

Je voulus engager le Secrétaire à ſe repoſer, mais il s'en excuſa, en m'aſſurant qu'il avoit ordre de ne s'arrêter nulle part juſqu'à ce qu'il eût rapporté mon paſſeport, & défenſe de reparoître devant ſon Maître ſans le repréſenter.

Je compris à ces mots qu'il y avoit quelque violent orage allumé ſur ma tête, mais diſſimulant toujours, je lui demandai avec l'air de la plus grande indifférence, quels pouvoient être les motifs d'un changement ſi ſubit dans les ſentimens du Gouverneur. Il me répondit que la poſte de ce jour avoit apporté des ordres du Vice-Roi qui me concernoient, & en conſéquence il me ſignifia verbalement défenſe, de par le Roi & le Gouverneur, de ſortir de la banlieue de Vera-Crux.

Je courus chez M. de Ferſen, je ne

marchois pas, je volois, je ne voyois rien,
je n'entendois rien, je ne pus lui raconter
qu'à la hâte & par des mots entrecoupés ma
funeste aventure, & je le conjurai tout de
suite de me mener chez le Gouverneur pour
tirer cette affaire au clair : nous nous y ren-
dûmes : celui-ci très-content d'avoir ratrapé
son *papel* & qui n'y voyoit pas plus loin,
me reçut fort honnêtement, mais il me réi-
téra l'ordre que son Secrétaire m'avoit intimé
de ne point sortir de la banlieue, forcé,
me dit-il, par des ordres supérieurs : M. de
Fersen le plaisanta en lui disant que si j'en
avois cru ses conseils, il auroit trouvé les
oiseaux dénichés ; puis il lui demanda plus
sérieusement, quelles pouvoient être les raisons d'une défense si sévère : sur cela D.
Palacio nous montra la lettre du Vice-Roi
motivée sur un délibéré de l'audience royale
du Mexique, d'après les conclusions du
Procureur-Général, qui s'appuyoit entr'autres choses sur la crainte de découvrir à l'étranger les riches cultures du pays. Ici le cœur me
battit si violemment que je n'entendis plus
rien, sinon l'ordre contraire exprimé en ces
termes : *pero de Negressac in su tierra*
sur lequel le Gouverneur, qui lisoit le tout
fort pesamment, s'appesantit encore davan-

tage, en le relifant jufqu'à trois fois, & me le montrant écrit fur la lettre : enfin il lui étoit enjoint avec rigueur d'être préfent à mon embarquement, d'en dreffer procès-verbal, & d'en certifier le Vice-Roi ; il m'ajouta donc de vive voix l'ordre de lui donner moi-même avis de mon départ, & du Navire fur lequel je m'embarquerois ; je le lui promis, après quoi il me congédia, en me faifant mille excufes & mille amitiés : il alla jufqu'à me nommer *hijo mio*, mon fils, mais je ne fus pas fa dupe.

Sorti de chez lui, je quittai brufquement M. de Ferfen dans la rue, & remontai chez moi la mort dans le cœur : je me promenois, je m'affeyois, je me balançois violemment dans mon hamac, au point de me frapper la tête contre les lambris de ma chambre ; aucune lueur de confolation ne pouvoit pénétrer dans mon cœur ; je me difois en vain à voix haute, pour tâcher de m'entendre & de me diftraire : calme-toi infenfé, pauvre infenfé, ayez pitié de toi, tu es encore à Vera-Crux, voilà bien du chemin de fait ! t'y voila encore..... Oui, mais reprenoit ma douleur, tu en es chaffé, tu en vas partir, & tu en partiras fans rien emporter ! Ton projet de quatre ans entiers eft échoué dans

le port même ; quatre ans font perdus pour
l'état que ton goût avoit choifi, pour l'efpoir de fortune que ton imagination avoit
embraffé, les fecours de ta famille, les
bienfaits du Roi font vainement & follement
diffipés ; tu fuccombes dans une affaire entreprife contre l'avis de ton pere, de tes
amis, de tout le monde ; depuis quatre ans
elle ne t'a fait rencontrer fous tes pas que
des alarmes, des chagrins, des mortifica-
tions, des travaux, des dangers de tout genre :
oh ! quel fruit tu en retires ! tu t'es engagé
témérairement vis-à-vis du Miniftre ; quel
compte pourras-tu lui rendre ? Tu t'es ridi-
culement vanté à tes amis ; que pourras-tu
leur dire ?.... La honte, l'humiliation, le
ridicule & le mépris vont pleuvoir fur toi de
toutes parts, & pour comble de défefpoir
la chofe reftera à faire, & les Efpagnols
conferveront exclufivement la cochenille !
& tu ne meurs pas de douleur ?... Quoi !
l'on ne peut donc pas mourir de douleur ?

Je paffai toute la matinée dans ces affli-
geantes réflexions, & dans les plus vives agi-
tations, avalant plus de trois pintes de limonade, mais ne pouvant manger ; le moindre
aliment m'auroit étouffé.

Enfin, fatigué, excédé du poids de tant

de peines, mon ame fit un dernier effort pour
s'en décharger ; à force de répéter *tu es encore
à Vera-Crux* , le point fondamental d'un
projet désespéré se présenta à ma vue égarée ;
je calculai que ne m'ayant point été fixé de
jour pour mon départ , & n'y ayant point
de Navire prêt à appareiller de plus de trois
semaines , je pouvois achever en quinze jours
un voyage à la dérobée ; il faut , me dis-je,
pénétrer dans le royaume sans passeport , il
faut absolument emporter ce que je suis venu
chercher : enflammé par cette idée, la crainte
de ne pouvoir la réaliser me glaçoit d'une
sueur froide *Gelano le vene Bollon le spiriti,*
mais ce trait de lumiere étoit venu m'éclairer
& rendre à mon cœur quelque tranquillité ; je
ne songeai plus qu'à dégrossir mon projet , à
en distribuer les détails ; je sortis le soir
pour prendre l'air , & je fus à la Neogerie où
je regalai mes ingénieurs ; ils me féliciterent
de me trouver consolé de l'aventure du matin ; je le leur laissai croire , & je me
retirai chez moi , où , sans souper , je
passai la nuit à revoir mon plan , à retran-
cher , ajouter changer , calculer le probable & l'avenir , enfin je m'endormis , &
trois heures de sommeil rafraîchirent mon
sang , mirent plus de netteté dans mes

idées ; & à la clarté du jour je vis avec étonnement qu'il n'y avoit rien à changer aux dispositions spéculées pendant la nuit, parce que ma position étoit forcée : *malum est consilium quod mutari nequit*, a dit *Tacite*. Je me le redis aussi, mais vainement ; je n'entrevis rien de mieux, & il falloit s'y résoudre, ou revenir sans succès, & ce dernier parti me sembloit plus affreux que la mort : c'est ce qui justifia à ma raison la témérité de mon entreprise.

Je me levai le mardi un peu moins satisfait que la veille, mais assez cependant pour envisager de sang-froid le *maximum* des dangers que je pouvois courir ; le pis qui pouvoit m'arriver, si j'étois arrété, c'étoit de me voir ramené pieds & mains liés à Vera-Crux, & enfermé au fort, ou sur la capitane, jusqu'à mon embarquement; & enfin de manquer mon objet, comme je le manquois en n'entreprenant pas le voyage.

Départ pour Guaxaca.

Tout me confirmoit donc dans mes dernieres résolutions. Ce n'est pas que je me dissimulasse tous les obstacles.

Premierement il falloit un miracle, pour que dans une si longue route, sur laquelle étoit répandue une foule de lanciers, des-

tinés à arrêter les déserteurs & les étrangers , il ne s'en trouvât pas un qui me de-
mandât mon paſſeport.

Secondement , je n'étois pas vêtu en Caſ-
tillan , & ni le temps , ni ma bourſe , ne
me permettoient d'obvier à cet inconvénient , qui me déſignoit comme un étranger , & m'expoſoit à être enviſagé de plus
près qu'un autre.

Troiſiemement , & cet inconvénient rentre dans le précédent , je ne parlois pas bien
la langue Caſtillane.

Quatriemement , j'ignorois abſolument
la route , & ce n'étoit qu'avec toutes ſortes de ménagemens que j'avois pu ſavoir par
quelle porte je devois ſortir.

Enfin , il falloit partir à pied , dans un
climat , dans une ſaiſon & des ſables dé-
vorants , ſans linge , ſans proviſion , ſans
habits de rechange , ſans livres , ſans inſtru-
mens pour voyager avec fruit , & recueillir des morceaux d'hiſtoire naturelle.

Voici comme j'eſpérois de parer à ces inconvéniens ; je voyagerai à pied , me dis-je
à moi-même , en qualité de médecin botaniſte établi à Vera-Crux , & qui cherche
des herbes pour compoſer des remèdes ; j'au-
rai l'air de me promener , plutôt que de

voyager, je n'irai loger que chez les plus pauvres Indiens, dans les endroits écartés des routes, comme fi je m'étois égaré ; je tournerai toutes les villes, hameaux & villages hors defquels je pourrai paffer, ou je n'y pafferai que de nuit ; je ferai Catalan de nation, frontieres de France, ce qui expliquera pourquoi je parle bon Français, & mauvais Caftillan ; je me mettrai toujours proprement, & me parerai de quelques bijoux ; j'affecterai un air toujours gracieux, & de bonne humeur, je payerai toujours généreufement. Avec cela il y auroit bien du malheur fi l'on me prenoit pour un étranger, ou un déferteur.

Enfin après avoir fait quelques petites provifions pour les befoins les plus urgents, comme un grand chapeau, une retefille, un rofaire que je crus indifpenfable, &c., & m'étant précautionné de trois cents gourdes ou environ en quadruples ; j'arrêtai définitivement mon départ pour la nuit du vendredi fuivant.

En attendant je vis mes amis & mes connoiffances à qui j'annonçai indifféremment que j'allois paffer le temps qui me reftoit chez Madame de Boutilloz à Madelline.

Le vendredi je dînai chez le Général, à

qui je racontai la petite supercherie que j'avois faite au Gouverneur, il en rit beaucoup & m'assura que si je m'étois hâté de partir avec son passeport, il n'en seroit rien arrivé.

Je passai le reste du jour avec les Ingénieurs, & je me retirai à sept heures chez moi pour me recueillir quelques momens avec l'entreprise.

Ce fut à neuf heures, après avoir bien enfermé tous mes effers, que je sortis comme un homme qui va faire une simple promenade.

J'arrive bientôt au rempart, je l'escalade & me voilà hors de la ville.

Premiere journée.

Je marchai d'abord à grands pas dans les fables à la lueur des étoiles, mais un grand vent ayant effacé toutes les traces du chemin, & le ciel s'étant couvert de nuages, je me trouvai bientôt égaré à plus d'une lieue de la ville : j'allois, je revenois sur mes pas, j'écoutois le chant des coqs, je calculois la position des feux que je voyois, le tout envain : quoique j'eusse parcouru vingt fois ces environs, la nuit, qui colore tous les objets de la même ombre, changeoit à mes yeux les points de ralliement que ma mémoire pouvoit me suggérer ; je grimpai d'énormes buttes de fable, les unes folides, les autres mouvantes jusqu'à épuisement ; enfin l'inquiétude & la fatigue me déciderent à rentrer à la ville ; l'embarras étoit de la retrouver, car je n'en voyois plus les feux ; j'en découvris un à trois cents toifes, j'y courus, c'étoit la cabane d'un Negre libre que j'avois vu dans mon voifinage ; je lui dis que je m'étois égaré en revenant de Madelline, il me remit dans le bon chemin, & je fus bien furpris de me trouver à un quart de lieue au fud de la ville, tandis que je m'en croyois à l'oueft ; j'efcaladai de rechef le rempart & rentrai chez moi, exceffivement fatigué, & encore plus affligé de ce mauvais début.

Cependant après avoir changé de linge, je me jettai fur mon hamac, où je trouvai un repos, & un fommeil auffi doux que néceffaires ; le lendemain à trois heures du matin je fortis pour la feconde fois de chez moi, j'efcaladai encore les murs de la ville ; cette fois je penfai me rompre le cou ; & voilà D. Quichotte en campagne.

Je marchois avec précaution pour conferver le chemin ; mais ce jour là dirigeant trop ma courfe au nord, je manquai encore la grande route, & m'égarai encore durant une heure dans les fables : cependant ayant reconnu l'étoile de l'épi de la Vierge, Mars & Saturne, qui étoient déjà au cou-

chant, je courus à l'ouest jusqu'au jour : à
quatre heures du matin, j'entendis les gens
de la campagne qui alloient au marché, je
me guidai sur leur voix, & longeai la route
à cent pas de distance, pour n'en être pas
vu. Enfin au lever de l'aurore le chemin
s'étant trouvé percer une forêt, je fus obligé
d'y rentrer, mais j'avois la précaution de
ralentir ma marche, toutes les fois que
j'apercevois quelques Indiens Negres, ou
Espagnols, & je la redoublois vivement
lorsqu'ils étoient passés. A cinq heures à ma
montre je me trouvai hors de la forêt, à
deux lieues & demie de Vera-Crux ; les
chemins se partageoient, nouvel embarras ;
j'aperçus un muletier qui conduisoit cent
vingt mulets ; je le questionnai avec pru-
dence ; il me dit venir de Guaxaca, par le
chemin de Monte-Calabaca, qu'il me montra, en me disant que c'étoit sa journée de
la veille ; bon, dis-je en moi-même, j'irai
coucher à Monte-Calabaca ; puis m'étant
éloigné en dandinant, jusqu'à ce que je fusse
hors de sa vue, j'enfilai la route avec une
telle vîtesse, qu'à onze heures j'avois fait
neuf lieues d'Allemagne.

J'avois pris un verre d'eau-de-vie & un
biscuit, dans une taverne qui borde le grand
chemin,

chemin & la forêt : cela m'avoit foutenu
jufqu'à neuf heures, la foif me fuffoquoit ;
je marchois dans une plaine favanne, cou-
pée de diftance en diftance par des bofquets,
de mimofa cornigera, *de bombax*, *de Cei-
ba*, *de figuiers fauvages*, fort rares, la terre
étoit nue, parce que nous étions à la fin de
l'hyver, c'eft-à-dire, des chaleurs sèches
qui brûlent toutes les plantes, & que les
hattiers avoient confumé par les flammes,
l'herbe sèche, pour faire place à la nouvelle : c'étoit à la vérité un fpectacle affez
agréable pour moi, que de voir déjà de la
plaine où j'étois, les montagnes d'Alvorado
au fud, Oriffava à l'oueft, & les Sierrar-
Léonar au nord-oueft, formant un rempart
naturel, qui fe prolonge l'efpace de cent
cinquante lieues, & que j'efpérois bientôt
franchir ; mais je mourois de chaud, &
j'éprouvois une foif dévorante : je rencontrai deux muletiers, avec deux cents cinquante mulets, je les conjurai de me donner de l'eau pour de l'or ; ils me répondi-
rent qu'ils ne vendoient point d'eau ; mais
en même temps l'un d'eux détachoit de l'ar-
çon de fa felle une pleine bouteille, & me
la préfenta, je bus, même fort à mon aife,
& enfuite je tirai ma bourfe ; mais eux

D

ayant piqué des deux , me dirent *Ba ufted con dios* , Dieu vous conduife.

Je continuai ma courfe ; à onze heures ma foif fe ralluma plus fort que jamais , je crus voir une chaumiere , mais ce n'étoit qu'un de ces monumens Mexicains , dont je trouvai plufieurs fur ma route , élevé en terre , en forme de pyramide , de trente-cinq à quarante pieds de haut , fur vingt de bafe , reffemblant parfaitement à nos glacieres ; je regardois en vain de tous mes yeux , je ne voyois d'habitations qu'à plus de fix lieues au nord : le moyen de fortir de ma route pour aller chercher fi loin des fecours. Je n'étois point fatigué , le chemin étoit beau , mais la foif me tourmentoit ; je crus avoir fait une excellente découverte , en démêlant dans les haziers une efpece de concombre fphérique ; cela eft infipide , me difois-je , mais cela eft aqueux & rafraîchif-fant ; j'y courus , j'en cueillis , je mordis même . . . . L'effet de la foudre n'eft pas plus fubit : je me crus empoifonné ; je trou-vai dans ce fruit fpongieux & fec , une amer-tume chaude & corrofive , qui redoubla l'ardeur de ma foif , comme du fouffre & du bitume enflammeroient un brafier. Ah ! ridicule botanifte , m'écriai-je , tu croyois donc toutes les coloquintes petites ? ceci t'apprendra à mieux étudier les espèces. La grosseur du fruit, semblable à nos melons de france, ronds, m'en avoit en effet imposé; je cherchai donc quelqu'autre remède pour me désaltérer; je vis des fruits d'un cacte, nommé *tunas* par les Espagnols; c'est une espece de raquete de Saint-Domingue; ses fruits sont rouges; j'en pris deux ou trois, je les pelai, & les dévorai; ils adoucirent beaucoup l'ardeur que j'éprouvois; je me jettai avidement sur d'autres, & j'en mangeai successivement une trentaine; mais ne les ayant sans doute pas pelé bien exactement, leurs soies brûlantes me firent en un instant enfler horriblement la langue & les levres, & je me vis sur le point d'étouffer. Je continuois cependant ma route, & je ne rencontrois personne. Quelques fois le zéphir agitant les feuilles, je croyois entendre des cascades d'eaux éloignées, ou le murmure d'un ruisseau : comme je prêtois l'oreille à cette douce mélodie, le temps redevenoit calme, je n'entendois plus rien, & j'étois prêt à tomber dans le désespoir.

Cependant l'astre du jour, déjà élevé de quatre-vingts degrés au dessus de l'horison, me dardoit ses feux mille fois refléchis par

le foyer de la plaine brûlante que je parcou-
rois; je n'avois qu'un foible vent de mer au dos :
devant moi une vaste plaine de vingt-quatre
lieues de profondeur ne me présentoit que
de hautes montagnes à l'extrémité ; il sembloit que toute la nature fut conjurée contre moi. Je crus un moment distinguer un
toit de chaume bien dessiné ; je doublai le
pas , mais après trois quarts de lieue, me
trouvant dans un petit bosquet, & ne voyant
plus rien , je crus m'être abusé , & , pour
cette fois, je perdis patience. Je m'arrêtai,
& ayant regardé soigneusement autour d'un
bombax, s'il n'y avoit ni serpent, ni mous-
tiques , je me couchai à son ombre ; je
dormis environ deux heures ; le soleil étoit
au-delà du méridien , je me levai, & me
remis tristement en marche : mais ô joie
inespérée ! à peine avois-je fait un quart de
lieue , que je vis bien distinctement cette
maison que j'avois déjà cru apercevoir;
elle étoit encore à trois cents toises , sur
le sommet d'un coteau , au bord de la riviere de Jamapa ; je ne fis qu'un saut jusques là ; la vue de cette belle riviere m'en-
chanta , je me serois volontiers précipité
dedans. J'entrai dans la cabane à trois heures après midi, l'hôte étoit un pâtre, je le

conjurai tout de fuite, ainfi que l'hôteffe,
de me donner à boire & à manger, *por
Dios* : ils le firent avec tout l'empreffement
poffible : je bus fucceffivement une pinte
d'eau, deux pintes de lait, & autant de limonade, & je dévorai une aile & une cuiffe
de dinde, & trois œufs frais avant que de
répondre à la moindre de leurs queftions :
le pâtre me demanda fi j'étois Caftillan ;
je lui répondis que j'étois médecin Catalan. Je l'ai jugé, reprit-il, à votre démarche,
vous emjambez, vous autres Européens,
bien mieux que les Créoles : voilà comment
ceux qui font plus près de la nature l'ob-
fervent bien mieux ; comme il me parut
curieux & raifonneur, je le payai, & fei-
gnant un grand mal de tête, j'allai me jetter fur une claye de branchage, où je m'endormis. Quatre réales que je lui donnai me
valurent quatre mille bénédictions.

Je dormis fi tranquillement, que je ne
m'éveillai qu'à trois heures du matin du lendemain ; il ne devoit faire jour qu'à quatre
heures, mais je ne laiffai pas que de partir,
& fans dire adieu à mes hôtes, de peur de
les éveiller.

Je defcendis du coteau jufqu'au bord de
la riviere ; je me trouvai d'abord embarraffé

pour la paſſer ; mais m'étant rappellé que c'eſt celle de Madelline , diviſée en deux branches , & qu'elle n'eſt pas profonde , je me déshabillois pour la traverſer à pied , quand j'apperçus un long canot plat à vingt toiſes plus haut ; je ſautai dedans , & , l'aviron à la main , je piquai droit à l'autre bord ; je ne trouvai que trois pieds de fond , ſur une largeur de cent toiſes : en ſautant à terre j'éveillai un chien qui aboya , & j'apperçus un negre qui me regardoit par-deſſus une haye : je lui demandai combien on payoit pour le paſſage ; une réale , me dit-il ; cela étant , repris-je , en plaiſantant , donne la moi donc , puiſque je viens de faire ton ouvrage : il ſe rabattit à ne rien me demander , mais je lui payai toujours ſa réale.

J'évitai en cet endroit une premiere frayeur. Le véritable paſſage , comme je l'appris à mon retour , eſt plus bas , & il s'y trouve un corps-de-garde d'employés & un piquet de lanciers : mon ignorance de la vraie route me ſauva ainſi d'un grand nombre d'interrogats.

Cette riviere paſſée , je ne devois plus en trouver qu'à ſeize lieues de là. Je continuai ma route gaiement par de ſentiers étroits , mais doux & faciles : je ne vis pas une ſeule figure humaine pendant plus de six lieues, & je me serois volontiers cru seul dans la nature, si je n'eusse pas vu quantité de lapins très-peu farouches qui se jouoient sur mes pas. On voit peu de deserts aussi beaux : plus de la moitié est un fond de bonne terre franche, tantôt jaune, tantôt noire, & propre à d'excellentes cultures, mais qui reste en savannes. A six heures du matin j'avois entendu des poulets d'Inde à ma droite, ce qui m'avoit fait penser que j'étois près de quelque habitation ; vers sept heures j'en vis une douzaine sortir de quelques herbes sèches & s'envoler à mes pieds avec un bruit épouvantable ; leur vol fut si brusque, & leur fuite si lointaine, que je fus convaincu que c'étoient des dindons sauvages : un quart d'heure après, deux autres s'envolerent à cent pas de moi, puis trois autres à ma gauche, ce qui acheva de me persuader que c'étoit une production indienne, ou du moins qu'ils s'étoient naturalisés dans le pays, & s'y étoient affranchis de l'esclavage domestique.

A neuf heures du matin je me vis à portée de ce qu'on appelle *Rancho*, (espèce de cantine) j'y trouvai une vieille negresse curieuse & effrontée, mais ni pain, ni viande , ni œufs , ni eau-de-vie ; il fallut me contenter d'un plat d'haricots durs & mal fricaffés , & d'un morceau de pain que j'avois apporté de Vera-Crux : heureufe précaution ! Je me fis du ponche avec du taffia pour boiffon , & je repofai enfuite environ trois heures fur une claye de bamboux , en forme de châlit.

A une heure après midi je me remis en route ; le ciel étoit couvert de nuages , & la brife fraîche ; j'avois franchi le matin cinq *arroyo* , ravines ou ruiffeaux , j'en traverfai encore douze dans l'après midi. Rien de fi ennuyeux & de fi fatiguant à caufe des troncs d'arbres, quartiers de rocs ou cailloux monftrueux dont ils font embarraffés. J'étois un peu dédommagé par la variété des plantes que j'y rencontrois : je vis un *mimofa* parfaitement femblable par la feuille & le port au grenadier, des *juccas* de foixante pieds de haut, des fougeres fingulières ; un *arum* à tige droite mais baffe, à feuille palmée pincatifide, d'une grande beauté, mais fi gros , qu'une racine pefoit dix livres ; des polyanthes , des amarillis , &c. J'y trouvai auffi des chevaux fauvages & indomptés , & rarement de l'eau.

Enfin j'arrivai à Monte-Calabaca fur les

cinq heures du soir, très-fatigué. La crainte
de m'égarer & de ne point trouver de sitôt
d'autre gîte, me détermina à m'arrêter en
ce lieu. J'avois cru trouver un village, ce
n'étoit qu'un *rancho* ou hatte, où l'on éleve
des chevaux, des vaches & du bétail, &
où l'on ne seme autre chose que du mahys
pour la nourriture des hommes & des animaux. Ces ranchos sont composés de trois
ou quatre misérables cases ; la terre qui en
dépend, est quelques fois un domaine de
dix à vingt-cinq lieues quarrées, dans lequel
errent une centaine de chevaux, trois ou
quatre cents moutons, & quelques centaines
de vaches : celui-ci étoit considérable ; le
métayer Castillan, ou tout au moins metis,
étoit un homme de soixante ans, d'une
belle figure, honnête, mais grave, & d'un
caractere, à ce qu'il me parut, un peu dur :
je l'abordai, je lui demandai le couvert ; il
me l'accorda, en me prévenant qu'il ne te-
noit point auberge, qu'il n'avoit ni pain,
ni viande, ni vin, ni eau-de-vie ; mais que
du reste tout ce qu'il avoit étoit à mon service ; je lui demandai six œufs que je mangeai avec des tordillas. Ces tordillas sont
des gâteaux faits avec du mahys, cuits dans
une eau où l'on jette une pincée de chaux

vive pour en attendrir l'écorce : on le lave ensuite, puis on l'écrase avec une pierre cylindrique sur une autre pierre quarrée de dix-huit pouces de long, sur dix de large, soutenue sur trois pieds ; après cette premiere opération, on le pétrit avec les mains, on l'arrondit, & on l'aplatit à quatre lignes d'épaisseur ; on le fait cuire de nouveau sur une plaque de terre, ou de fer, on le retourne, & en deux minutes ce pain est fait. Il est toujours insipide, mais très-bon pour l'estomach ; jamais indigeste, & en aucun temps il ne m'a incommodé : dans une maison où il n'y a que deux femmes, & cinq ou six hommes, les premieres ne sont occupées, soir & matin, qu'à faire des tordillas ; il en faut bien cinq ou six pour chaque repas, & cela ne se garde point pour le lendemain.

Mon hôte, qui me parut avoir été militaire, & qui, comme je l'appris depuis, étoit réellement un de ces lanciers que je redoutois si fort, me sembla un vieux reître fort retord, par les questions qu'il me fit ; mais comme indubitablement j'avois tout l'air d'un médecin, il fut forcé de le croire. Cependant il me refusa obstinément un cheval pour le lendemain ; je me croyois

affez loin de Vera - Crux pour hafarder de
me donner cet allégement ; il fallut encore
m'en paffer ; je voulus lui payer fon fouper, il le refufa également. Je donnai alors
quatre réales à fa femme, ou concubine,
car je ne pus favoir s'ils étoient mariés ; ils
avoient du refte une foule d'enfans. Ma gé-
nérofité me valut pour la nuit la jouiffance
d'un grand manteau, jadis bleu, & devenu
blanc, par vétufté, dans lequel je m'enve-
loppai, & me couchai fur une natte à terre,
dans un hangard voifin : fans cette faveur
je courois rifque de mourir de froid, car
à peine fus-je retiré, qu'il tomba une de ces
pluies terribles, que l'on nomme à Saint-
Domingue avalaffe, & dont les gouttes font
auffi groffes, & font plus de bruit dans leur
chute, que la plus redoutable grêle d'Europe : le bruit étoit affreux, l'eau chaffée
par le vent perçoit comme autant de pom-
pes, à travers les jours du *clayonage* de la
cafe ; en un inftant tout fut inondé ; il fem-
bloit que la nue fut crevée fur nous ; ce
temps me fit faire les plus triftes réflexions.
Dans un pays coupé de torrents & de rivieres, fi cet orage devoit être fuivi de
beaucoup d'autres, comment pourrois - je
voyager, fur-tout à mon retour, avec le

butin que j'espérois recueillir ? Le meilleur cheval pourroit-il me sauver parmi les
rocs & les arbres qu'entraînent presque tous
les torrents ? Ceci n'étoit rien moins que
consolant ; mais ayant tout arrangé pour le
mieux, il ne me restoit plus qu'à me confier à la providence : je m'enfonçai donc
le nez dans mon manteau, & m'endormis
profondément jusqu'au lendemain à quatre
heures du matin.

Avec les ombres de la nuit disparurent
les noires idées qui m'avoient affligé la
veille, un ciel pur & serein, une matinée
fraîche, la perspective des montagnes d'Orrissava, dont je n'étois plus éloigné que de
vingt lieues, leur appendice qui s'avançoit à
huit lieues, comme un rempart inaccessible
& escarpé, dans tout le contour de cette
plaine, me rejouirent & ranimerent mon
courage. Depuis Vera-Crux j'avois toujours
marché au sud-ouest; ici les montagnes qui
sont en face de la plaine n'ayant point d'ouvertures à l'ouest, le chemin fléchit de
quelques pointes vers le sud.

Il est à remarquer que dans toute cette
vaste plaine, le cours des torrents & des
rivieres est du nord-est, au sud-est, & que
leurs lits, quoique dans un pays si plat,

qu'on le croiroit nivelé , ont une profondeur démésurée : cela vient fans doute de ce
que tous defcendent des montagnes d'Oriffava , & de ce que les volumes immenfes
de neige fondue , & d'eaux chaudes , qui
roulent du haut de ces montagnes , ont par
leur poids , & à la longue , excavé les terres
dans de très-grandes diftances , & fe font
ainfi formé par fucceffion de temps , une
pente qu'ils ne paroiffent pas avoir eue naturellement.

Quoique la pluie de la nuit eut été effroyable , cependant la terre fablonneufe de
ces cantons étoit défféchée depuis fi long-
temps , qu'à peine étoit-elle humectée à
deux pouces de profondeur. Je trouvai dans
ma nouvelle route des chênes à feuille ovée,
& légérement dentelée ; une amarillis blanche que j'ai rapportée ; un polyanthes , dont
les Indiens employent la racine pilée aux
mêmes ufages que le favon , trois grands
troupeaux de moutons , vingt compagnies de
perdrix qui ne font pas plus groffes que nos
cailles , & enfin des lapins fans nombre ; j'eus
à traverfer feize *arrojo*. Le terroir me parut
généralement plus fertile , & d'un meilleur
fond de terre que les jours précédents ; il n'en
eft pas moins inculte , ni moins défert.

A onze heures du matin j'avois fait huit
lieues fans manger, ni boire, qu'une limonade que je fis dans une chaumiere que conf-
truifoient deux Indiens, les feules créatures
raifonnables que j'euffe rencontrées alors.
Je me trouvai au pied de la premiere chaîne
de montagnes ; mais c'eft peu de cette fa-
laife efcarpée à pic, & dont les rochers fe
font voir à travers les brouffailles qui y font
percrues : il femble que la nature, non con-
tente de cet immenfe boulevard, ait voulu
fortifier encore l'entrée du Mexique par un
énorme foffé. Au pied de cette maffe informe de rocs, coule un fleuve de dix toifes
de large, fi rapide & fi violent, qu'il s'eft
creufé à travers dix couches de pierres différentes, un lit de quatre-vingts pieds de profondeur ; c'eft-là qu'il fuit comme un fer-
pent, dans le fable, en replis tortueux,
prefque fans murmure ; mais écumant, &
rapide comme l'éclair : en y jettant un cail-
lou, je l'ai jugé profond de 1 5 pieds ; la vue eft
troublée quand on le regarde d'un misérable
pont de fafcines pourries, fur lequel il faut
le paffer : à l'extrémité de ce pont eft un
rocher qui domine & couvre tellement le
pont, que dix hommes pourroient y tenir
dix régiments en échec ; un paffage angu-

leux & en *zigzag*, est creusé dans le roc par où il faut sortir, & par où l'on ne peut sortir que deux de front, & d'ailleurs la moindre artillerie placée sur la cime y foudroyeroit toute une armée.

A une demi lieue plus bas est un autre riviere qui se jette dans celle-ci, on l'a nomme *rio des punta*, elle n'est pas si profondément encaissée. Je trouvai au bout du pont, sur lequel je la passai, un Espagnol, à qui on payoit le passage ; comme il n'avoit ni pain, ni vin, je résolus d'aller dîner à *San Lorenzo*, quoiqu'il y eut encore trois lieues. Le receveur m'avertit de *las aquas*, de la pluie, je n'en tins compte & j'en fus puni, la pluie me ramena au gîte, où je fus raillé. La pluie cessée, je repris mon chemin, & je trouvai bientôt une sucrerie qui me parut abandonnée, quoi qu'elle eût de vastes bâtiments, des jardins immenses, & des cannes de quinze pieds de haut ; j'arrivai ensuite à un torrent, large de cent cinquante toises, & de quarante pieds de profondeur ; je crus voir l'énorme squelette d'un fleuve mort, qu'on me passe l'expression, c'est celle qui peut le mieux rendre les idées gigantesques que fit naître dans mon imagination le spectacle singulier des rocs, des

troncs d'arbres épouvantables, des énormes
cailloux de toute couleur, arrondis par un
long frottement; le tout entaffé pêle mêle.
Quel afpect fombre, magnifique & terrible!
toutes ces maffes alors dans le repos & le fi-
lence le plus morne, avoient eu quelque
temps auparavant un mouvement impétueux,
avoient roulé avec un fracas épouvantable:
quelle avoit donc été l'effroyable maffe
d'eau qui avoit animé toutes ces machines?
A peine ai-je pu les franchir à pied fec:
qu'on fe repréfente cette tranchée tortueu-
fe, vafte & profonde, revêtuè fur l'un &
l'autre bord d'une futaie également haute,
fombre & filencieufe, & que nos peintres
effayent, s'ils l'ofent, de nous peindre ce
fpectacle fauvage & monftrueux. O Vernet!
toi feul aurois pu, peut-être, rendre cette
belle horreur.

Ce fut-là que je vis plufieurs paires de
ces beaux perroquets du Bréfil, à queue
en coin, nommés *arara canjas*, des Amazo-
nes, au plumage vert, mêlé de jaune jon-
quille, de la groffeur du perroquet de Gui-
née, & un oifeau de proie noir & blanc,
avec des plumes rouges au-tour du bec, de
la groffeur de notre *buze*.

Le plus excellent fond de terre m'offroit
auffi

aussi par-tout une végétation aussi abondante, que variée, mais hélas ! il m'étoit
impossible de me charger de tant de richesses ; je marchois donc la tête basse en sou-
pirant, & j'évitois presque de regarder tant
de belles choses, pour ne pas former des
vœux inutiles.

J'arrivai enfin excessivement fatigué à *San-
Lorenzo*. L'auberge y est délicieuse pour un
Espagnol, & elle le fut véritablement pour
moi ; la maîtresse me parut honnête, je fus
servi proprement ; je mangeai quatre œufs
frais, un poulet, de bon pain, & bus du
vin de *tinto*. Je partis aussi-tôt, résolu d'arriver ce jour là à Villa-Cordoua ; mais à
peine fus-je sorti du cimetiere, où j'avois
été pour considérer à plaisir des frangispa-
niers pourpre, rosés, jaunes, &c. de trente
pieds de haut, que la pluie recommença :
je m'étois arrêté sous une cabane d'Indien ;
en ce moment passa un negre avec trois chevaux, que j'avois déjà vu à la Punta ;
je n'avois osé parler au negre devant
l'Espagnol, mais devant les Indiens, la né-
cessité me rendant plus hardi, je lui propo-
sai de me louer un de ses chevaux : il convint de me mener à deux lieues de là, dans
son village, dont j'ai oublié le nom ; je

montai donc fans bottes, fans éperons ;
fans manteau ; le negre, pour me parer de
la pluie, s'avifa de me couvrir la tête d'une
natte qui me pendoit devant & derriere
comme une dalmatique : non, jamais Ro-
binfon ne fut fi grotefquement habillé !

Nous avions fait affez leftement une
heure de route, lorfque tout-à-coup mon
conducteur me montre *la guarita* : c'étoit
un corps-de-garde d'Employés qui barroit
le chemin. Je frémis en fongeant que n'ayant
point de paffeport, ils avoient le droit de
m'arrêter, mais nous en étions trop près
pour fonger à nous détourner ; je ne vis rien
de mieux que de feindre d'être à moitié en-
dormi fur mon cheval, & même demi
mort, fi l'on me forçoit de defcendre, ou
de parler. Que j'étois bon de prendre tant
d'inquiétude ! la pluie empêcha nos gens de
fortir, & fans doute de nous voir, & nous
arrivâmes au village à la nuit, fans autre
accident. Je trouvai dans la boutique d'un épicier, du pain, du vin, des œufs, du chocolat,
& je me couchai, après convention faite
avec le negre qu'il me conduiroit le lendemain à Villa-de-Cordoua, moyennant treize
réales.

J'avois mal dormi ; à deux heures du

matin je courus à la cabane du negre
pour l'éveiller , & hâter notre départ ; mais
ce fut en vain , nous ne pûmes partir qu'à
quatre.

Nous entrâmes dans la gorge de la premiere chaîne des montagnes , par une forêt
immense ; il paroît qu'il fut un temps ou
les Espagnols jugerent ce passage de quelque importance ; puisque de lieue en lieue où
trouve des vestiges de forts , de redoutes ,
de retranchements , & autres fortifications
plus ou moins ruinées , qui défendoient
cette trouée. Cela forme une tranchée de
cent toises de large. Depuis San-Locurso ,
jusqu'à Villa-de-Cordoua , j'ai compté sept
de ces forts , tous bâtis en maçonnerie ,
mais dont aucun ne reste entier ; c'est à leur
place , ou tout auprès , que sont bâtis quelques-uns de ces corps-de-garde , que les
Espagnols appellent *guarita.* Jamais je n'ai
trouvé ces gardes tabacs , si odieux & si
choquants qu'au nouveau monde ; dans un
pays où l'on à peine à se procurer les premiers besoins de la vie , faut-il que par une
barbarie atroce , une plante indigene , que
la nature seme sous les pas des habitants,
pour leur consolation , devienne pour eux
un fléau , & qu'ils ne puissent sans allar-

mes s'étourdir par fa vapeur narcotique ;
fur le fentiment de leur peine !

Le fol que nous foulions étoit un fond
de terre rouge inépuifable , & fingulière-
ment fertile ; j'y vis encore une fucrerie &
de Canes monftrueufes ; plus loin , des
champs de tabac immenfes ; ainfi la terre
la plus féconde fe trouve entre les mains
d'un peuple pareffeux qui n'y cultive qu'une
plante qui ne fauroit nourrir fon cultivateur.

Au bout de quatre lieues nous arrivâmes
à Villa-de-Cordoua. Des dômes , des tours ,
de nombreux clochers m'annoncerent une
grande ville , & me donnerent de grandes
craintes. Nouvelle *guarita* aux portes de la
ville ! N'y avoit-il pas de configne contre
moi ? N'y avoit-il pas une troupe de lanciers
armés pour me jetter dans les fers ?.... Seul
& à pied , j'aurois pu tourner la ville ,
comme je me l'étois propofé ; mais faire ce
mouvement devant l'ennemi , faire naître des
foupçons dans l'idée de mon conducteur , ou
lui faire une efpece de confidence , à lui,
à un Africain , à un individu de la nation
la plus perfide , au fujet le plus aveuglément
dévoué au Roi d'Efpagne ! c'eft ce qui ne
pouvoit m'entrer dans la penfée : le renvoyer
n'étoit pas plus sûr ; je lui fis au contraire

beaucoup d'amitié. J'entrai donc forcément
à cheval dans la ville, mais je crus devoir
jouer le même rôle qu'au dernier village :
que je connoiſſois mal les Eſpagnols ! ils ne
ſont pas ſi diligens ; ils ne me virent point
de malle, ils ne nous fouillerent ſeulement
pas.

Je deſcendis dans une auberge du fauxbourg, où je tombai ſubitement malade ; je
me mis au lit, & me fis faire du bouillon ;
je me repoſai juſqu'à deux heures, alors je
me levai radicalement guéri ; je mangeai une
aſſez mauvaiſe ſoupe, faite avec de l'excellent
mouton, je payai mon hôte, & lui ayant
demandé le logis de l'Alcade-Major, je ſei-
gnis de m'y acheminer, & traverſai toute la
ville en longueur ; je n'y rencontrai que quelques negres & indiens.

Villa-de-Cordoua peut avoir mille toiſes
en quarré. Quoique ancienne, les iſlets ſont
encore, pour la plus grande partie, en jardins, excepté vers le centre de la ville, où
ſe trouve une grande place, comme celle de
Vendome à Paris, entourée ſur trois faces
d'arcades gothiques ou moreſques, ornée d'une
fontaine de bon goût, qui jette un immenſe
volume d'eau délicieuſe ; l'Egliſe Major eſt
ſur la quatrieme face ; les rues ſont payées,

larges, droites, tirées au cordeau, les maisons pour les trois quarts sont bâties en
pierres, mais les habitans sont pauvres. Par
tout où la nature fait beaucoup pour l'homme, là il fait moins pour elle : accoutumé à
ses bienfaits, il contracte une paresse & un
engourdissement qui ne lui permettent pas
de se prémunir contre ses vicissitudes. La
ville est toute sur un bâton en forme de
plaine, qui n'est pourtant qu'un coteau, pro-
longé entre deux vallons, bordés chacun de
hautes montagnes, qui forment le passage pour
entrer dans le Mexique : l'ouverture peut
avoir trois lieues d'une montagne à l'autre ;
nulle part ailleurs que sur le platon on ne
peut voir une si riche & une si belle végétation, & une si magnifique matiere de culture : le fond de terre rouge est de quinze
à dix pieds. Dans les jardins, les cérisiers,
les pomiers, les pêchers, les abricotiers se
mélent aux sapotiliers, aux orangers ; les
fruits des deux mondes y sont ainsi réunis ;
les hayes sont bordées de sureaux, de frênes,
d'une sorte de tegetes arborescent, dont je
n'ai pu me procurer des graines ; d'une seconde sorte de convalvulus arborescent,
dont les fleurs en cloche de huit pouces
de long sur trois de large sont renversées,

& où le limbe termine par de longues *la-cinies*.

Il avoit beaucoup plu à midi les chemins étoient gliſſans ; je me décidai cependant à partir à pied pour éviter les queſtions ; l'embarras étoit de trouver le chemin d'Orriſ-ſava , diſtante de ſept lieues ; j'en ſuivis un à tout haſard juſqu'à l'extrémité du fauxbourg , où je trouvai des indiens qui me remirent dans la route dont je m'étois éloigné d'environ cent pas.

La pluie me reprit après une heure de marche ; je rencontrai dans ce moment une horde de plus de deux cents mulets ; on avoit mis leurs charges à couvert ſous des tentes , & pour eux ils paiſſoient dans le grand chemin , qui eſt toujours une tranchée de cent toiſes d'ouverture , couverte d'un gaſon toujours renaiſſant , n'y ayant ni ornieres , ni chemin de voiture , depuis Vera-Crux , juſqu'à Theguacan. Je fus obligé d'entrer dans une cabane d'indiens , où je bus un verre de *pinas* , eau dans laquelle on fait infuſer des tranches d'ananas , & qui vaut bien la limonade lorſqu'elle eſt bien faite , il m'en coûta un réal , & la pluie finie je repartis.

A deux lieues de là , je deſcendis un ravin très-profond , dans lequel je vis une mai-

son fort solidement bâtie en pierres de taille,
mais sans comble , & abandonnée depuis
long-temps ; je ne pus juger si elle avoit été
citadelle , temple ou maison particuliere ;
les arbres & les haziers percrus tout autour
& sur les murs m'en déguisoient le dessein :
je remarquai seulement que les murs, encore
de vingt pieds de haut , avoient trois pieds
d'épaisseur ; les fenêtres étoient semblables
à celles de nos anciennes Eglises : mais à
quoi auroit servi une Église en cet endroit,
où il ne paroissoit pas le moindre vestige de
ville ou de village ? Il y a donc plus d'apparence que c'étoit une espèce de château
destiné à défendre un pont bâti sur une petite riviere très-rapide qui en baigne les fon-
demens : cependant la situation étoit mal
choisie , car en passant la riviere au-dessus
& au-dessous , on tournoit facilement le
fort , & on le dominoit du coteau contre lequel il étoit terrassé.

A quelques pas de là , sont sept à huit ca-
banes près d'une autre riviere , courant pareillement du nord-ouest ; il y avoit dans
ce ravin des sureaux & des frênes , d'une
beauté singuliere ; à une lieue plus loin sur
la gauche , & à cent pas du grand chemin ,
je vis quatre monumens mexicains disposés

en quarré, formant chacun une pyramide de
terre de six toises de haut, sur dix de base :
du reste, nulle culture dans une si excellente
terre, si l'on en excepte quelque peu de tabac ;
mais des pâturages si gras que sur une pelouse
d'environ une lieue en quarré, je comptai onze
troupeaux de plus de six cents moutons chacun.

La nuit approchoit, mais heureusement
je rencontrai un indien, qui me servit à
me conserver dans le bon chemin jusqu'à
Orrissava.

Graces à la pluie & à la nuit je ne fus
fouillé, ni à la guérite de la ville, ni à une
autre que j'avois trouvée sur la hauteur près
du ravin.

J'étois harassé d'une marche de sept
lieues faite par la pluie, & dans de mauvais
chemins ; j'entrai successivement dans trois
auberges, où l'on s'excusa de me recevoir,
& d'où l'on me renvoya, en qualité d'étranger, à la *casa réale*, espèce d'hospice pour
les voyageurs, dont le nom, tout respectable
qu'il est, me causoit de la répugnance, tant
l'ignorance des choses leur prête souvent une
apparence formidable ! Enfin j'entrai dans une
quatrieme auberge, dite la grande auberge ;
une boutique d'épicier en formoit le devant ;
le dedans étoit une vaste cour environnée

d'arcades, qui fervoient de corridor, haut & bas, à quatre corps de logis ; le cafero me préfenta d'abord une chambre infectée de fientes de poules qui y juchoient : je le regardai avec indignation, la canne haute (1) & prêt à le frapper s'il ne me logeoit différemment.

Pour être plus propre, l'autre chambre qu'il me donna n'étoit pas mieux meublée : une claye de bamboux, une table, un mauvais banc dont un pied étoit pourri, une porte comme celle d'une citadelle, mais qui ne fermoit pas ; voilà le logement que je partageois avec une volée de chauvefouris : j'eus pour mon fouper quatre œufs, un morceau de mouton délicieux, un plat d'haricots, deux raves avec fix feuilles de laitue, & quant au pain & au vin, je fus obligé de m'en fournir à la boutique. Cette dépenfe me fit prendre alors pour un homme de confidération ; j'obtins un matelas moyennant deux réales, & mon fouper m'en avoit coûté quatre.

---

(1) Il faut obferver qu'aucun Bourgeois honnête, ou aifé, ne tient auberge, elles font affermées à tant par jour à un Cafero, efpece d'homme plus vil que nos valets en France, & qu'on traite fans ménagement.

Le lendemain, dès qu'il fit jour, je méditai fur les moyens de connoître au jufte la route, & la diftance de Guaxaca. Après y avoir bien réfléchi, j'entrai dans un couvent de Carmes, où je demandai à parler au pere Prieur : mes prétentions, fans doute, étoient trop hautes, on m'envoya le Sous-Prieur ; je le jugeai fur la phyfionomie, un homme fort rond, à qui je pouvois me confier ; je lui dis donc, fous le fecret, qu'étant médecin & botanifte, mon occupation étoit l'étude de l'hiftoire naturelle & des plantes ; que je voyageois depuis trois ans pour m'y perfectionner ; que dans une tempête j'avois fait vœu d'aller à pied à *Nueftra Senora de la Soledad en Guaxaca*, ce que j'avois fidellement exécuté jufques là, mais que me fentant épuifé de fatigue, & preffé par le temps de mon embarquement, je défirois favoir s'il n'y auroit pas moyen d'interprêter mon vœu & d'achever mon pélérinage à cheval, offrant, comme il étoit jufte, de racheter, par des offrandes & des aumônes l'irrégularité de cette maniere de voyager : après avoir favamment differté fur ce cas, mon Carme convint que je pouvois, par quelques prieres ou aumônes, m'acquitter envers *Nueftra Senora de la Soledad*,

je le pris fur le temps , & tirant de ma bourfe
quatre medios d'oro (*environ huit louis d'or*)
je le priai de fe charger de mon offrande ,
mais il me refufa, en me difant que la fomme
étoit trois fois trop forte ; j'eus beau infifter,
il n'y eut pas moyen de lui faire rien prendre , ce qui me déconcerta un peu , ayant
efpéré d'obtenir de lui, pour mon argent,
quelques petits renfeignemens dont j'avois
befoin ; je ne perdis cependant pas tout
efpoir , d'après les honnêtetés qu'il me
fit : il me préfenta en effet à quatre autres
peres , me fit voir la maifon , le jardin , fe
récria d'admiration fur diverfes defcriptions
que je fis de leurs plantes , qu'ils ignoroient
parfaitement. Enfin le fous-prieur étoit prêt
à m'échapper , lorfque je m'avifai de lui demander s'il y avoit un couvent de Carmes
à Guaxaca , & quelle pouvoit être la diftance de cette ville : cette fois mon homme donna dans le piège , il voulut paroître
très-inftruit de ce que je lui demandois, &
me donna un itinéraire fi bien détaillé ,
lieue par lieue , village par village , qu'un
Général d'armée auroit pu s'y fier pour le
plan d'une campagne , comme j'ai eu depuis occafion de m'en affurer.

Plein d'une véritable joie d'avoir enfin,

après une route de quarante lieues faite à tâtons, un guide assuré & non suspect, je me disposois à partir, mais les Carmes voulurent encore me faire voir les pieces hautes de leur maison; c'est de-là que j'admirai l'heureuse situation d'Orissava. Cette ville a environ quinze cents toises de long, sur cinq cents dans sa plus grande largeur, les rues sont larges, propres & bien pavées; des eaux salutaires & pures comme le cristal y coulent de toutes parts, mais la fraîcheur & la végétation y sont telles que quelque chose que l'on fasse, le pavé est toujours enchâssé dans les herbes: il en est de même pour les maisons, quoique bâties en maçonnerie; elles sont toujours couvertes de mousses, de *semper virens*, & de fougeres de toute espece; sa population est de 3000 blancs, & de 1500 negres ou Indiens: son commerce consiste dans quelques tanneries & dans quelques draperies grossieres; là est un entrepôt de Vera-Crux aux terres froides; c'est un lieu de repos & de séjour, par les caravanes de mulets; là, les commissionnaires prennent langue sur le prix des denrées de l'intérieur, & font connoître celui des denrées d'Europe. La ville est placée dans un vallon d'une lieue d'ouverture ; on y réunit dans toutes les faisons les fruits de l'Europe & de l'Amérique ; l'air y est doux & vif, d'une température délicieuse : à neuf heures du matin le thermometre de Bourbon marquoit douze degrés au dessus de la congélation : elle est environnée de montagnes isolées, qui laissent entr'elles autant de petites gorges & d'ouvertures ; les cimes de ces montagnes font l'effet d'une pyramide de palissades, & sont couronnées de forêtz , d'une verdure éclatante & recréative, leurs pointes en aiguilles paroissent autant de pins , sur lesquels s'éléve fierement le volcan d'Orissava, dont les neiges éternelles présentent dans le même point de vue le contraste singulier de l'hiver & de l'été : qu'on se figure un pain de sucre , son cône tronqué obliquement à la ville , prouve que quand il brûloit, l'irruption se faisoit du côté de la plaine de Vera-Crux, ce qui se trouve confirmé par les pierres ponces que j'ai trouvées sur les bords du Golfe du Mexique , aux environs de cette derniere ville , quoiqu'à plus de cinq lieues d'Orissava, qui n'a sûrement été bâtie que depuis qu'il est éteint. Ce volcan paroît encore la menacer , & de Vera-Crux, quand au matin la plaine étoit

encore voilée d'ombres épaisses , je me plai-
sois à voir sa cime déjà rougissante , comme
de l'argent , au feu des premiers rayons du
soleil.

La maison des Carmes bâtie avec une
opulence vraiment barbare a , quoique mas-
sive , quelque chose de grand & de noble ;
elle est très-gaie , très-propre & bien entretenue , les peintures les plus extravagan-
tes y sont répandues de toutes parts , mais
leurs vives couleurs réjouissent la vue ;
l'Eglise est à l'ordinaire dorée avec un luxe
ridicule , mais on doit y remarquer dans
le sanctuaire un tableau fort extraordinaire :
il a vingt pieds de haut , sur douze de large , & représente l'Assomption de la Vierge : on y voit Marie encore sur la terre,
mais montée sur un char superbe , à six
roues , deux Evêques en chappes , & en
mîtres , tiennent une main sur le moyeu ,
& de l'autre un flambeau ; six autres sont
grimpés sur le montoir des laquais ; l'atte-
lage est composé de douze chérubins aux
aîles bleues , ils sont habillés à la Romaine,
avec le bas de saije étendu sur un panier ,
un casque en tête , surmonté de panaches ,
& de chevelures à la maniere des danseurs
de l'opéra dans les ballets héroïques , ils sont

attelés avec des bricoles, comme nos ca-
noniers à un affut ; Elie fur le fiége du co-
cher, un lys à la main, en guife de fouet,
eſt prêt à conduire le char, & fon difci-
ple Elifée, à cheval, lui fert de poſtillon.

Après avoir ainfi vifité toute la maifon
des Carmes, je partis comblé de leurs civili-
tés ; mais au milieu de la rue un nouvel inci-
dent, que je n'avois pas prévu, vint troubler
mon contentement ; je favois ma route par
cœur, excepté le plus eſſentiel, favoir par
où je devois fortir ; j'ofai m'en informer,
mais le fripon de marchand à qui je m'adreſ-
fai m'enfeigna une route toute oppofée ; je
fus obligé de revenir fur mes pas, je revis
le marchand qui fourioit de ma peine, mais
je lui lançai un regard d'indignation qui le
fit rougir & pâlir ; je gagnai la vraie rue de
fortie par un pont fur la petite riviere qui
baigne les dehors de la ville ; une rue fort
large & qui fert de fauxbourg, me mena
jufqu'à la barriere à l'entrée d'un autre pont.
Ce paſſage étoit gardé par des employés ;
l'un d'eux me demanda où j'allois ; je lui dis
que j'allois herborifer, que j'étois logé chez
Carmes, d'où je retournerois inceſſamment
à Vera-Crux, & je l'accablai à mon tour
de tant de queſtions, qu'il fe crut fort hon-
noré

noré de pouvoir apprendre quelque chofe à un médecin étranger auffi favant que moi. Le chef des employés me tira alors à quartier dans une chambre remplie de lances, de piftolets & d'épées ; pour le coup je me crus arrêté , mais j'en fus quitte pour la peur & pour un fpectacle peu agréable à la vérité , mais moins dangereux pour moi ; c'étoient les effets d'un mal qu'on dit originaire de ce pays - là même , & dont notre chef étoit, on ne peut plus, maltraité ; je lui prefcrivis un régime : après quoi , mourant d'impatience de rejoindre mon chemin, je le quittai, malgré toutes fes offres de fervices , & fes inftances de prendre le chocolat.

Ici le Lecteur prendra la peine de revenir au tome premier , page 146 , *ligne cinquieme , Voyage à Guaxaca , où après ces mots ,* pour ramaffer quelques plantes , *il lira ce qui fuit , qui eft pour remplir la lacune marquée par deux lignes de* . . . .

C'eft là que j'avois rencontré en paffant un Docteur, qui, parlant avec moi de culture, me dit, qu'on avoit tranfporté des

Nopals en Caſtille pour eſſayer d'y recueillir de la cochenille, ce qui n'avoit pas
réuſſi, & il en concluoit fort ſérieuſement,
qu'on ne pouvoit la cultiver nulle part qu'au
Mexique. Cette anecdote, vraie ou ſuppoſée,
avoit certainement bien lieu de m'inquiéter
alors ; mais à préſent que j'écris ceci, &
que je ſais très-pertinemment le contraire, je
ne peux revenir de la ſotte vanité de certaines gens qui leur fait généraliſer des choſes qui ne ſont vraies qu'en particulier.

Il étoit onze heures quand j'entrai à
San-Juan del Rey : j'eſpérois y acheter de
la cochenille, mais l'Alcade noir n'y étant
pas, je réſolus d'attendre le retour de ſa
femme ; elle arriva peu de temps après, je
lui demandai, tout de ſuite, quatre branches
de Nopal, & ſans lui donner le temps de
la réflexion, je lui montrai une piaſtre, à
la vue de laquelle elle ſe décida ; je lui re-
demandai encore mille éclairciſſemens qui
m'avoient échappé, ou pour les comparer
avec ce qu'on m'avoit dit la veille à Guaxaca, principalement ſur le mélange de la
Cochenille ſilveſtre avec la fine ; elle me
ſatisfit à ſouhait, & me laiſſa choiſir quatre branches de Nopal, que je plaçai dans
un cinquieme caiſſetin.

Je partis , après avoir mangé un morceau , à midi précis , & remontai la fameuse
montagne de la Costa , en regardant souvent le beau pays que je laissois derriere
moi. Combien j'y vis de plantes curieuses !
combien je regrettai de ne pouvoir les emporter toutes ! je descendis pourtant de cheval pour arracher des oignons du Lys St.
Jacques , ou *Amarillis formosissima*. J'en
arrachai six douzaines avec une peine infinie , parce qu'elles étoient à un pied de
profondeur , dans une terre très-forte ; que
je n'avois qu'un petit couteau pour les dé-
terrer , & que le soleil alors au zenith me
dardoit à plomb ses rayons : je trouvai
aussi une violette à racine bulbeuse , comme
celle du lys ; j'en pris une douzaine : j'arrachai un cent d'Oxale à racines bulbeuses ,
foliis octonatis pellatis ozatis : j'y pris
enfin des semences d'un chardon gros comme nos artichaux , des fruits d'une forte
d'Aseroliers , de *juniperus-sabina* , & des
glands gros comme nos plus grosses noix.

Pendant que je cherchois à tromper ainsi
l'ennui d'une si longue route , je m'aperçus
que mon muletier m'avoit détourné du chemin Royal , ce qui leur est très-défendu ;
je me mis dans une colère épouvantable ,

& je lui promettois tout au moins de fuppri-
mer le pour-boire. Cependant nous com-
mençames à defcendre par des chemins, très-
mauvais, à la vérité, mais qui abrégeoient
d'une lieue ; je jugeai alors que mon conducteur n'avoit pas tous les torts du monde,
& je m'adoucis ; je trouvai au bas de la
côte la belle Sauge à fleur ponceau, que j'a-
vois vue à Guaxaca ; j'en pris des femences, ainfi que d'une autre à fleur bleue, parfaitement belle.

Comme j'enfilois un fentier étroit, taillé
dans le roc, j'eus une rencontre affez plai-
fante, c'étoit un Indien qui conduifoit deux
cochons à Guaxaca ; ils étoient monftrueux :
je m'arrêtai pour les laiffer paffer ; & comme je les confidérois attentivement, je remarquai qu'ils étoient chauffés ; je ne pus
m'empêcher de rire : des efcarpins à un co-
chon, tandis que le pauvre Indien étoit
pieds nuds ! Or voici comme les cochons
étoient affublés ; les deux premiers fabots de
chacun de leurs pieds fourchus étoient en-
châffés dans une petite botte, à une femelle
de cuir fort, fi bien coufus, fi bien adap-
tés que l'on eut cru d'abord que cela étoit
naturel ; je cherchois envain la raifon d'un
femblable équipage, il fallut la demander à

l'Indien ; il avoit pitié de mon étonnement
& de mes éclats, & me répondit très-
phlegmatiquement, que c'étoit pour qu'ils
ne fussent point fatigués : la raison me parut
bonne, les cochons étoient en effet si gras,
ils sont naturellement si paresseux, que s'ils
eussent usé leurs sabots, dans un chemin de
vingt-cinq lieues, & s'ils se fussent blessés,
ils auroient maigri, & même seroient restés
en route. Étant depuis à dîner chez M. l'In-
tendant de Saint Domingue, comme il me
demandoit si les chemins du Mexique étoient
beaux, il me prit envie de lui citer ce fait,
pour le mettre en état d'en juger ; mais
comme il y avoit beaucoup de monde dont
je n'étois pas connu, je craignis, en racon-
tant une chose si extraordinaire, de passer
pour un inventeur : je me contentai de lui
dire que généralement ils étoient fort mauvais ; & dans la vérité, quoique la route
que je tenois fut celle de Guatimala, & le
débouché unique des cultures d'une vallée
de quatre cents quatre-vingts lieues, je n'ai
pas trouvé trente lieues de chemins prati-
cables pour une voiture

Après seize grandes lieues de mauvais chemins, je revis encore ma chere peuplade, &c.

La suite au Tome Ier. page 146.

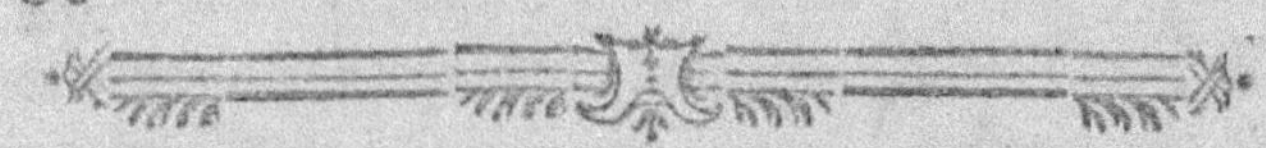

NOTES

*A ajouter au Voyage de Guaxaca, par
M. Thierry de Ménonville,
recouvrées après l'impression : On les
joint ici en forme de Supplément,
avec l'indication des pages où elles
auroient dû être placées.*

Note. I.

Au journal de mer de son retour de Campêche à Saint Domingue, à la date du 13
Juillet 1777, pag. 220, ligne 10, après
ces mots perca philadelphica.

Perca. Opercula squammosa, serrata ; membrana branchiostega radiis septem, corpus pinnis
spinosis.

Philadelphica. Corpus fusco sub rubrum, maculis alteris variegatum, capite & ventre colori
roseo, bipedali longitudine, pedali latitudine ;
opercula squammosa, antica serrata, postica
cordata, duobus mucronibus ; membrana branchiostega, radiis curvis septem ; fossula inter nares ; nares duobus foraminibus quæque frons
punctis sanguineis aspersum ; os retractile ; amplissimum ; maxilla super emarginata ; duobus denti-

bus majoribus reliquis. Hinc & indè cæteri dentes fetacei , confertiffimi in utraque maxillâ &
linea arcunata in palato ; palatum rubrum colore
puniceo vivido , cancer manibus æqualibus. In
ipfius ftomacho totus repertus ut in aliorum ;
pinnæ pectorales 17. Illa fubrotunda ventrales radiis quinque fafciculatis muticis , fexto fpinofo
breviore , analis decem radiis fafciculatis inermibus , tribus anticis gradatim à priori breviori-
bus quam aliæ; fpinofis & pinna dorfalis indivifa,
fed pars anterior fpinofa , undecim fpinis fim-
plicibus , antica breviore pofteriori . pofterior
17 radiis fafciculatis inermibus , ita ut pars me-
dia inter utrafque infima fit ; cauda pinna indivifa , radiis 18 fafciculatis.

I I.

Au même journal , date du 23 Juillet 1777,
pag. 229 , lign. 28 , après ces mots un lait
très-pur & très- blanc.

Un de ces vaiffeaux lactés , avoit le diamètre
de mon petit doigt. La matrice dans laquelle j'ai
vu très-diftinctement les trompes de fallope ,
avoit dabord le vagin long de quatre pouces &
demi : l'orifice extérieur en étoir très-étroit ,
calleux & froncé en plis d'une fubftance & d'un
tiffu fi ferré , qu'à peine pouvoit-on y introduire
de force le petit doigt, & qu'il ne paroiffoit pas

susceptible d'une plus ample dilatation. Le diamètre du vagin, très-dilatable, avoit un pouce &
demi; à ce vagin aboutissoit de l'intérieur une
sorte de lèvre en soupape, très-froncée & très-
dilatable, & la capacité intérieure du canal
qu'elle formoit, moins longue que le vagin,
paroissoit avoir le même diamètre, & aussi dilatable; au fond se retrouvoit encore une pareille
lèvre en soupape, servant de porte à un second
receptacle semblable, mais un peu plus ample que
le premier; enfin il y en avoit un troisieme auquel
aboutissoient, par une pareille lèvre, les deux
trompes de fallope, d'une substance très-spon-
gieuse, & semées intérieurement d'une multitude
infinie de vaisseaux, dont les uns paroissoient
lactés ou limphatiques, les autres sanguins,
mais repliés & croisés les uns sur les autres, de
sorte qu'au premier coup-d'œil, on auroit pu
les prendre pour un amas de vermisseaux four-
millans. L'estomach de l'animal contenoit des
petits poissons, déjà digérés au point de paroître
comme un peu trop cuits.

I I I.

Au même journal, date du 25 Juillet
1777, pag. 230, lig. 7, après ces mots:
Tiburo de Linnæus.

La description de Linnæus quadre avec le
genre & l'espece de cet animal; il avoit environ

cinq pieds de long, une nageoire à l'anus, cinq ports linéaires au cou pour les bronches du poumon ; il a une vaste tête & un large col, ses dents à la mâchoire inférieure, sont triangulaires, de la même largeur, mais beaucoup plus tranchantes que les lancettes & d'un pouce de haut ; il en a trois rangées, l'intérieure est renversée sur les gencives, celles de la mâchoire sont subulées comme les dents du brochet, & pareillement d'un pouce de haut.

I V.

Au même journal, même date, pag. 230, ligne 19, après ces mots : *au gouvernail.*

Ce poisson est rayé transversalement de bandes noires & de jaunes.

V.

Au même journal, date du 25 Juillet, pag. 230, ligne 29, après ces mots : *cet animal est vivipare.*

Cet animal avoit dix pieds quatre pouces de long, deux pieds & demi de large du dos au ventre ; la peau du dos étoit parfaitement bleue,

le ventre étoit blanc ; il avoit les proportions &
les parties de celui ci-deſſus décrit, à l'exception
que ſes dents de la mâchoire ſupérieure étoient
courbes en deſcendant du ſommet au ſinus de
la gueule , mais à lancettes à grain d'orge , &
dentelées à dents de ſcie ; il n'avoit qu'une rangée
de dents à la mâchoire ſupérieure & trois à l'inférieure ; la tête étoit moins large quoique de
la même forme , mais plus oblongue & moins
aplatie que celle du mâle. Le vagin avoit ſix
pouces de diamètre & n'étoit point calleux &
reſſerré, comme je l'ai vu dans le Phocene. Le
rectum aboutiſſoit parallelement avec l'orifice du
vagin dans un cloaque que l'on peut regarder
comme l'anus. A côté de la matrice paroiſſoient
deux mamelons que l'on auroit pris pour des té-
tes , mais dont l'orifice intérieur aboutiſſoit dans
la capacité de l'abdomen , ſans y trouver des canaux glanduleux ou lactés : le vagin avoit environ ſix pouces de long ſur un plus grand diamètre ; au bout il ſe ſéparoit comme en deux
trompes de deux pieds & demi de long , ſur un
pied de large extrèmement diſtenſibles ; l'orifice
de chacune étoit rempli d'une matiere ſpermati-
que ; l'intérieur rempli d'une membrane ſpon-
gieuſe extrêmement fine , attachée dans toute ſa
longueur à la partie intérieure & ſupérieure de
la trompe , & remplie d'une infinité de célules ,
chacune pleine d'un œuf avec ſon jaune & un
embrion ou fœtus d'un pouce & demi de long ;
le jaune de l'œuf reſſembloit aſſez à un jaune
pale d'œuf de poule , mais la partie mucilagi-
neuſe , au lieu d'être blanche , étoit d'un jaune

verdâtre comme la bile ; il falloit rompre chaque célule pour en faire fortir un œuf ; voilà
je crois bien un ovaire ; la fubftance en étoit
blanchâtre , tranfparente , limphatique , graif-
feufe , & les membranes très-faciles à rompre ;
le dégoût m'a empéché de compter les œufs ,
mais je n'en ai guere vu moins d'une centaine
dans chaque ovaire : j'ai pris des fœtus & les ai
mis dans de l'eau-de-vie de canne à fucre. Je
ne fais pas fi les femelles des amphibies ont
deux vagins ; mais il eft certain , par la diffection ,
qu'elles ont deux ovaires.

V I.

Au même Journal , date du 8 Août 1777 ,
pag. 238 , ligne 13 , après ces mots : *nous
avions eu trois grains.*

On prit ce même jour un *Fol* , dont le plumage eft brun fans tache , fon bec bleu , fes
yeux ardents , & fe tournant facilement
vers la pointe du bec , ce qui lui donne un regard odieux ; fes jambes & fes pieds font cha-
mois : je lui rendis la liberté.

VII.

Au même journal, date du 11 Août, page 241, lig. 25, après ces mots : *c'est le lavus de M. Linné.*

Lavus. Roftrum edentulum, rectum, cultratum, apice fubadunco; mandibula inferior infra apicem gibba, nares lineares, anticè latiores, in medio roftri fitæ. Magnitudo columbæ, corpore, dorfo, abdomine aropigio fufco, alæ & canda nigrefcentes, caput grifeum, frons albicans, linea à bafi roftri ad fuperiorem palpebram nigra, palpebra inferior femi-albida.

Caput compreffiufculum; roftrum nigrum, bipollicari longitudine, duobus lineis latum, rectiufculum, cultratum, apice fubaduncum; mandibula inferior infra apicem gibba; nares lineares anticè latiores, in medio roftri fitæ; alæ implefco bipedali, 27 pinnis, æquales longitudine, caudæ rotundatæ 12 aut 13 rectricibus; pedes nigri, retradactili, tribus digitis palmatis connexis, pofticus digitus liber, unguiculatus; crura & femora tripollicari longitudine.

V I I I.

Au même journal, date du 13 Août, page 242, ligne 4, après ces mots : *quatre nœuds à la minute.*

Nous avons eu tout le jour la voile de fortune, vent arriere, & par l'obfervation 32 degrés 6 minutes de latitude boréale. Les matelots ont encore pris un Tiburon ; leur avidité pour cet infâme poiffon caractérife à la fois, leur pareffe & leur mauvais goût ; il eft facile à prendre, & ils l'ont préféré à des Dorades, poiffon exquis, mais qui leur eût donné plus de peine à pêcher : ils l'ont mangé tout entier en un jour, quoiqu'il pesât plus de trente livres.

Corpus teres à caudâ ad pectus, piramidale, conicum, quinque pedum longum, ad pectus unius latum, fulvum, maculis duabus, nigris una pone pinnam dorfalem ultimam, altera pone caudam in tergo ; caput cordiforme, depreffum ; oculi in margine capitis, laterales ; duo foramina lunaria ad apicem capitis infra oculos ; quinque foramina lunaria, lateralia, pinnas pectorales inter & caput ; cutis capitis glabra reliqui corporis afperrima ; pinnæ pectorales, fefquipedali longæ, femipede latiæ, margine inferiori lacerulæ, bafi auriculatæ, fubtrigonæ.

Pinna dorfalis, pedali longitudine, novem pollicibus lata, trigona.

Pinnæ duæ ventrales ad anum hinc & indè sitæ quatuor pollicares intra ventrem & anum cum appendici carnoso ad unamquamque.

Pinnæ duæ anales una in dorso, altera infra ventrem, inter illum & caudam appendiculatæ.

Cauda bipedali longitudine triangulari lacerâ apice penes bini appendentes basi pinnarum ventralium parallelæ.

I X.

Au même journal, date du 18 Aôut, pag. 244, ligne derniere, après ces mots: *le gasteros-terus de Linné.*

Gasterosterus. Caput leve & breve, membrana branchiostega radiis 7. Corpus ad caudam utrinque carinatum, aculei distincti ante pinnam dorsi, pinnæ ventrales pone pectorales sed supra sternum.

Occidentalis. Corpus ellipticum squammosum squammis levibus tectum, tutum; fasciis transversalibus argenteis; linea lateralis caudam corinans spinis acutissimis à medio corpore armata; caput leve breve, oculi aurei, dentes breves conferti in maxilla inferiori, in supera nullæ & in palato. Spinis septem dorsalibus inter se unitis levi membrana, sed à pinna dorsali distinctis, separatis & in fossula recondendis, spinæ duæ analis à pinna anali distinctæ; pinna dorsalis radiis viginti quatuor, pinna analis viginti, ventralis quinque, pectorales circa viginti, falcatæ, oblongæ, caudales viginti duo, membrana branchiostega radiis septem.

TABLE DES MATIERES
Contenues dans ce second Volume.

G

Fin de la Table.

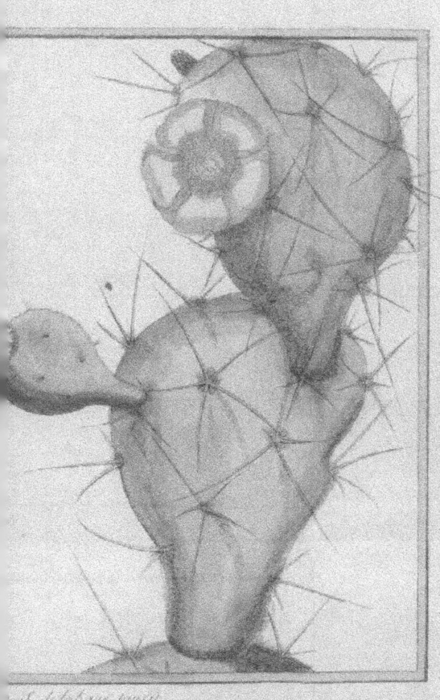

Mâle de la Cochenille Sylvestre sur une feuille de Nopal cochenillifère, l'insecte et considérablement grossi et tel qu'il paroit au Microscope

A. Femelle de la Cochenille Sylvestre vüe en dessous et grossie Comme au Microscope.

B. Femelle de la Cochenille Sylvestre vüe en dessus et Grossie Comme au Microscope.